鲜作手工抹醬100

李耀堂／著

海峡出版发行集团 | 福建科学技术出版社
THE STRAITS PUBLISHING & DISTRIBUTING GROUP | FUJIAN SCIENCE & TECHNOLOGY PUBLISHING HOUSE

著作权合同登记号：图字 132017028

图书在版编目（CIP）数据

鲜作手工抹酱 100 / 李耀堂著 . —福州：福建科学技术出版社，2018.9

ISBN 978-7-5335-5599-3

Ⅰ. ①鲜… Ⅱ. ①李… Ⅲ. ①调味酱 - 制作 Ⅳ. ① TS264.2

中国版本图书馆 CIP 数据核字（2018）第 078547 号

书　　名　鲜作手工抹酱 100
著　　者　李耀堂
出版发行　福建科学技术出版社
社　　址　福州市东水路 76 号（邮编 350001）
网　　址　www.fjstp.com
经　　销　福建新华发行（集团）有限责任公司
印　　刷　福州德安彩色印刷有限公司
开　　本　787 毫米 ×1092 毫米　1 / 16
印　　张　9
图　　文　144 码
版　　次　2018 年 9 月第 1 版
印　　次　2018 年 9 月第 1 次印刷
书　　号　ISBN 978-7-5335-5599-3
定　　价　49.00 元

书中如有印装质量问题，可直接向本社调换

作者介绍

李耀堂

现任

* 台湾南开科技大学餐饮管理系专技助理教授
* 瑞康屋烹任老师

得奖记录

* 2013 韩国国际烹饪美食大赛个人展示菜金牌
* 2013 马来西亚世界烹饪大赛金牌
* 2012 第一届大甲妈祖“福佑平安”妈祖宴金牌
* 2011 第三届海峡两岸烹饪邀请赛金牌
* 2010 第六届韩国国际美食养生大赛金牌
* 2010 海峡两岸闽菜会马祖料理竞赛最佳创意奖
* 2010 第一届台湾客委会客家筵席料理比赛金牌
* 2008 第六届中国烹饪世界大赛美食展台金牌
* 2007 第一届台北中华素食展金厨奖

著作

*《第 1 本素西餐料理书》
*《无油烟轻松煮》
*《米馔飨宴》
*《素食好健康》
*《原住民美食》
*《健康美味猪》
*《好男人爱下厨》
*《神奇米饭力量大》

作者序

打从我进职业厨房，就专注在欧式自助餐的领域中，“酱”对于餐台上的菜色有加分效果，无论是冷菜、热菜，还是炸物、甜点等，少了“酱”就枯燥乏味。

这次很高兴能把最爱的“酱”跟大家分享，我也想出很多经典、人气旺、新口味抹酱，期待带给大家不同的味觉飨宴。这里要特别提醒大家，书中的抹酱千万不要只局限在抹面包、馒头、吐司等用法，有的甚至可以创造出更多的吃法。例如：果酱稀释后可以当各式风味的饮品，或是将果酱加到夏天喜爱的刨冰中当淋酱，光听听心中就整个消暑了；稀释后的果汁做成冰棒，更是小朋友的最爱。

所以本书中的抹酱除了基本用途外，还可以用于可丽饼、松饼、春卷等，甚至可当作馅料制作包子、面包、吐司等，让烘焙多了更多口味的变化。

这么多年来，我坚持出书，除了让读者学习料理外，最重要的目的就是要给读者正确的饮食观念，所以在这本书中，都是使用天然的油脂及食材。甚至书中的油脂，也都是慎选对读者健康有益的好油。为了避免吃下含添加物的食品，我也提供在家自己做浓缩果汁、果干、风干西红柿及干燥香草的做法。希望读者在做抹酱的过程中，使用的都是真食物。

既然花时间亲手做，就要使用好食材，才做得出最健康又安心的抹酱，也希望读者在此书中得到很多知识，享受到做料理的乐趣。

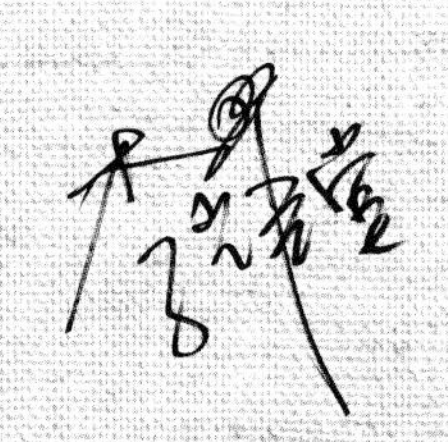

目录

004 作者序

008 好涂抹才是好抹酱

009 这样子吃抹酱

010 做抹酱前要知道的事

012 做抹酱的好工具

014 这样做抹酱增加风味

018 **奶油酱** 

019 1 香蒜奶油酱

021 2 茴香鲑鱼奶油酱

023 3 西红柿奶油酱 4 香草椒盐奶油酱

024 5 法国罗勒奶油酱

025 6 明太鱼子奶油酱

027 7 青葱奶油酱 8 咖喱胡椒奶油酱

029 9 松露蘑菇奶油酱 10 柠檬奶油酱

030 11 蛋黄奶油酱 12 橙皮奶油酱

032 13 杏仁奶油酱 14 百香果奶油酱

033 15 椰香奶油酱 16 蜂蜜草莓奶油酱

034 **起司酱** 

035 17 洋菇起司芥末籽酱

036 18 培根起司酱 19 起司青酱

037 20 牛奶糖腰果起司酱

038 21 卡布奇诺起司酱

039 22 牛油果马斯卡彭起司酱

041 23 枫糖坚果起司酱 24 金钻凤梨起司酱

043 25 蜂蜜起司苹果酱 26 地瓜起司酱

044 **酸奶酱** 

045 27 原味酸奶

047 28 香草酸奶起司酱 29 酸奶黄瓜酱

048 30 牛油果酸奶起司酱 31 双莓@酸奶酱

049 32 百香果美乃滋酸奶 33 咖喱酸奶酱

050 **克林姆酱** 

051 34 克林姆酱

052 35 香草奶油布丁酱

053 36 柠香克林姆酱

055 37 棉花糖克林姆酱 38 菠萝克林姆酱

056 **美乃滋** 
057 39 原味美乃滋
058 40 海胆美乃滋酱 41 塔塔酱
059 42 梅干美乃滋酱 43 鲔鱼沙拉酱

060 **奶酥酱**
061 44 奶酥酱
062 45 杏仁葡萄干奶酥酱 46 可可椰子奶酥酱
063 47 伯爵奶酥酱
064 48 酒渍双莓奶酥酱
49 抹茶香橙奶酥酱

065 **焦糖酱**
066 50 焦糖酱
067 51 焦糖核桃酱 52 抹茶牛奶酱
069 53 焦糖花豆酱 54 焦糖红豆酱
070 55 红茶牛奶酱 56 香草拿铁酱
072 57 蝶豆花奶香糖浆

073 **巧克力酱** 
074 58 巧克力酱
077 59 巧克力香蕉酱 60 榛果巧克力酱
61 巧克力花生酱
078 62 蜜香白巧克力夏威夷果酱
079 63 抹茶柠檬白巧克力酱

080 **蛋黄酱** 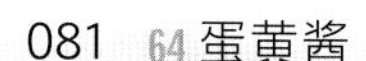
081 64 蛋黄酱
083 65 柠檬蜂蜜蛋黄酱 66 芒果蛋黄酱
67 百香果蛋黄酱

084 **果酱** 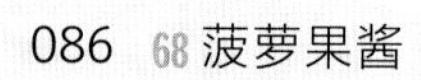
086 68 菠萝果酱
089 69 芒果桔子酱 70 草莓果酱
091 71 菠萝百香果酱 72 双莓果酱
092 73 桑椹果酱
093 74 冰糖梨子桂花酱
094 ✦ 果酱这样做存放更久

095 **莎莎酱** 

096 75 泰式莎莎酱 76 西红柿莎莎酱

77 牛油果莎莎酱

098 **油醋酱** 

099 78 巴萨米克油醋酱

101 79 油封香料起司酱 80 迷迭香橄榄油

102 **薯泥酱** 

103 81 奶香地瓜酱

104 82 南瓜起司酱

105 83 炼乳芋泥酱

107 84 甜菜根酱 85 蛋香马铃薯酱

86 洋葱南瓜酸奶酱

108 **芝麻酱** 

109 87 原味黑芝麻酱

110 88 蜂蜜黑芝麻酱 89 柚香白芝麻酱

111 **豆泥酱** 

113 90 豌豆泥酱 91 鹰嘴豆泥酱

92 毛豆燕麦酱

烹调须知

1 每道食谱中所标示材料份量均为实际的重量，包含不可食用部分，如：蔬果皮、果蒂、籽等重量。本书食谱中所有的食材请先洗净或冲净后再作处理，食谱内文中不再赘述。

2 书中食谱单位换算：

1/4 杯 = 60ml，1/2 杯 = 125ml，1 杯 = 250ml；

1 大匙 = 15ml，1 小匙 = 5ml，少许 = 略加即可；

适量 = 看个人 口味增减分量。

3 材料排序原则是，分量大或主要的放前面，其余的依使用的顺序排列。

4 书中标示的分量是以每次涂 2 大匙估算出的。

5 书中使用的黄油分有盐黄油和无盐黄油，若无特别标示则为无盐黄油。

114 **其他类** 

114 93 白木耳莲子酱

115 94 花生酱

117 95 枫糖栗子起司酱 96 蜂蜜核桃酱

97 肉桂糖霜酱

118 98 意式腰果咸酱

119 99 酸奶芥末籽鸡肉酱

121 100 法式鸡肝酱

搭配抹酱必备的7款免揉面包

124 ✦ 免揉面包基本制作流程

126 1 原味白吐司

129 2 全麦吐司

130 ✦ 切吐司的技法 +趣味吃法

132 3 小餐包

134 4 南瓜籽油面包

136 5 欧式牛奶面包

138 6 原味贝果

140 7 蜂蜜贝果

141 食材索引

好涂抹才是好抹酱

抹酱最重要的是好涂抹，这功能可借由油脂、淀粉质、果胶达到效果。
这到底是运用哪些特性做到的呢？让我们来看看。

以黄油、奶油起司、酸奶、美乃滋、奶酥、蛋黄酱为基底的抹酱，只要加入风味材料拌匀即可变化多种口味。克林姆酱、焦糖酱则需将所有材料一起拌煮。薯泥、豆泥类跟芝麻、花生、栗子、核桃等坚果酱，则需要将主材料搅碎或打成泥状后，再与风味材料拌匀。

但无论是哪一种，想要成为完美的抹酱，好涂抹是最必要的条件。各种不同类型的抹酱，分别可以借由油脂、淀粉质、果胶达到融合与滑顺的效果。

能够均匀抹开的抹酱必须是软的固态，像是在室温下软化、可用手指压出凹痕的黄油。为了维持合适的软硬度，水分的占比非常重要。在制作奶油酱、起司酱类抹酱时，添加的增味材料主要是水分含量低的香草粉、干燥果干、浓缩果浆、浓稠调味酱(如芥末籽酱、枫糖浆)等。黄油和奶油起司本身的黏稠性很容易就能把这些材料结合在一起，而且其所含的乳脂肪和水分能够达到“水乳交融”。

而根茎类与豆类，像地瓜、芋头、鹰嘴豆、红豆等，则是利用其本身所含淀粉质的黏性来结合材料，因为淀粉质在热的状态口感松软，一旦冷掉就会变得干柴，所以在制作抹酱时可以加一些含油脂材料(如黄油、鲜奶油)增加滑顺感，让抹酱加热后可恢复滑顺口感。

此外，其他类型的抹酱，如酸奶酱、蛋黄酱、克林姆酱、巧克力酱、果酱等，都是属于容易涂抹的浓稠状，须注意的是不要制作得过稀。像基础蛋黄酱是利用隔水加热除去多余水分，浓缩成稠状；克林姆酱则是利用玉米粉勾芡达到浓稠感；果酱则是利用水果中所含的果胶，经加热过程跟酸和糖结合形成胶冻状，冷却后凝结成稠状。

这样你就了解书中介绍的抹酱，是借由哪些材料或方法，让它变成好涂抹的完美抹酱。

这样子吃抹酱

除了涂在早餐面包吐司或是饼干上吃，其实抹酱还能很多变。简单的应用像是包入面包、包子中当馅料，或是用冷冻酥皮包起来烘烤成点心派，如奶酥酱、巧克力酱、薯泥和豆泥类抹酱就很适合这样吃；有的则能作为生菜沙拉的酱汁，像是酸奶酱、美乃滋酱、油醋酱类。咸味的抹酱则能作为披萨、意大利面、焗烤或炖饭料理的调味酱，如黄油酱或起司酱类就很适合这样运用，黄油酱也很推荐运用在烤海鲜上。

甜味的抹酱加点牛奶或稀奶油调稀，也可作为蛋糕、冰淇淋、布丁等甜品的淋酱。焦糖酱、巧克力酱建议你可以这样用。而焦糖酱、果酱类还能运用在调制牛奶、奶茶、咖啡等饮品中。其中果酱更是百变，加在红茶或奶茶里，就是带有俄罗斯风情的果酱茶；跟酸奶或美奶滋拌匀，就是爽口带果香的沙拉酱；与牛奶、冰块一同打碎，就是冰凉的水果雪泥……以下简单提供两种吃法，让抹酱更好吃！

｜起酥派｜

将冷冻起酥片解冻回软后，挖取适量抹酱放在起酥片的一侧，在起酥片另一侧周围刷上水，将起酥片夹抹酱后对折轻轻按压使之黏合，在其上方割开3道刀痕，以180℃烤约15分钟，至起酥片膨起且呈金黄色。

建议可用抹酱：选择带有颗粒的抹酱比较有口感，如松露蘑菇奶油、香草洋菇 起司酱、牛奶糖腰果起司酱、枫糖坚果起司酱、金钻菠萝起司酱、蜂蜜起司苹果酱、杏仁葡萄干奶酥酱、可可椰子奶酥酱、抹茶香橙奶酥酱、巧克力花生 酱、草莓@果酱、菠萝百香果酱、双莓@果 酱、桑椹果酱、牛油果莎莎酱、奶香地瓜酱、炼乳芋泥酱、蛋香马铃薯酱、豌豆泥酱、鹰嘴豆泥酱、毛豆燕麦酱、白木耳莲子酱、枫糖栗子起司酱、蜂蜜核桃 酱、意式腰果咸酱。

｜奶油香烤虾｜

材料：

虾10 尾、香蒜奶油酱2大匙、欧芹碎1小匙、蛋黄1颗、起司丝适量、盐适量、 白胡椒粉适量、酒 1 大匙。

做法：

1 用剪刀略修剪虾子触须，剖背去肠泥，加酒、盐、白胡椒粉调味腌过。

2 香蒜奶油酱、欧芹碎、蛋黄拌匀，淋在虾子上，撒上起司丝，放入烤箱烤约12分钟至熟。

建议可用抹酱：所有奶油类抹酱。这类抹酱也可以用来烤白肉鱼片或是干贝。

做抹酱前要知道的事

抹酱做成咸的口味还是甜的口味，主要取决于主食材的味道。以黄油、起司、酸奶来说，由于这些食材本身没有明显的甜咸味，所以甜咸口味都可以做；而像克林姆酱、奶酥酱、蛋黄酱、焦糖酱等本身的基底是甜味，所以比较适合做成甜味的抹酱；豆泥类的鹰嘴豆、豌豆本身不带有明显的甜味，但人们一般将它们调成咸味来 吃，因此设计为咸味抹酱。

{要点 1}先拌好主材料

先把主材料像是黄油、起司、根茎类、豆类都先拌好，再加入其他材料搅拌才会拌得均匀。

{要点 2}用剪刀分割黄油

分割黄油建议用食用剪刀剪出这一次需要的重量，直接放入搅拌盆中，再剪成小块状，这样就不会因为放在砧板上而再次污染黄油，并使得砧板沾满了许多黄油而难以清理。黄油使用前，依季节放于室温中约30分钟～2小时软化，才容易和其他材料拌匀。

{要点 3}

加热食材要放凉再放入

加热或是煮过的食物像是薯泥 类、豆泥类、浓缩果汁等，要放凉后再放入其他食材中，避免食 材忽冷忽热，这样易发生酸化腐败。

{要点 4}

拌酱用橡皮刮刀

用黄油、奶油奶酪做抹酱，选用橡皮刮刀为搅拌工具 比用打蛋器好，以免酱卡 在工具里面，不易清洗。

{ 要点 5}

用热水清洗器材

许多抹酱都会用油当媒介，因此器具会沾上油 脂、不易清洗干净，可用热水清洗较易洗干净。

{要点6 }

做好抹酱这样保存可节省空间

把冷却的抹酱放入夹链袋中五分满，先抖一抖集中抹酱，再用刮刀压平，再刮到夹链袋的最前端，将夹链袋卷1圈挤掉空气，将拉链密合，顺势包卷完，即可放到冰箱冷藏或冷冻保存。这样的保存方法可节省空间，适用于奶油酱、起司酱、奶酥酱、薯泥和豆泥酱。

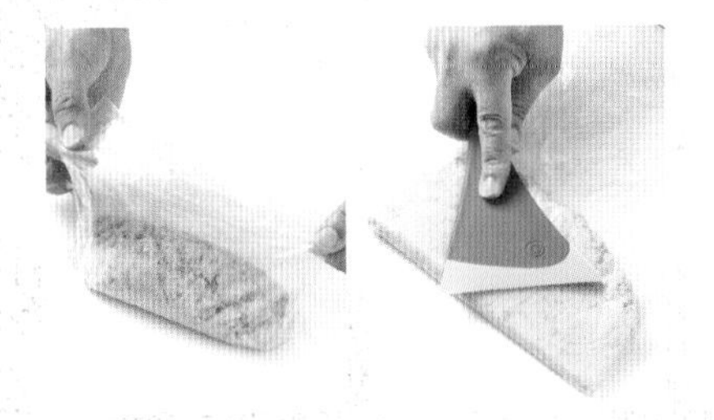
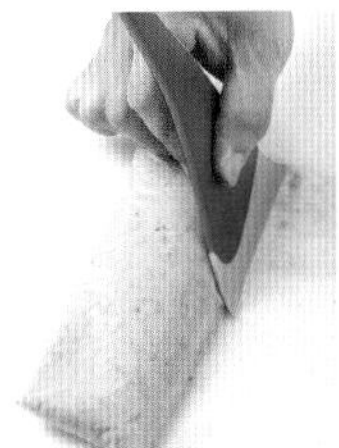

另外，提醒读者取用冷藏抹酱时，须用干燥无水分的干净汤匙舀取，以免因水分或细菌使抹酱发霉。

利用食材特性延长抹酱保存期限

❶ 使用干燥的食材

自制抹酱因没有添加防腐剂，所以香料类要选择干燥品；若是短时间内会吃完，也可以使用新鲜香草。此外，生鲜食材可经由炒或煮的过程降低水分，像是茴香鲑鱼奶油卷的鲑鱼、松露蘑菇奶油的蘑菇、各类果酱使用的水果。

❷ 运用酸类的食物

酸可以抑菌生长，书中的美乃滋加柠檬汁、蛋黄酱加白酒醋，除了增香外，都可借此原理达到延长保存期限的功能。

做抹酱的好工具

“工欲善其事，必先利其器”，好的工具可让你做抹酱更顺手，以下介绍一些好用的工具，让你轻松做好酱。

好用器具

· 调理棒

做抹酱的材料常需要打碎，可以使用不锈钢材质的调理棒。它既可以耐高温，又能轻松发挥搅拌的功能，将食材快速搅打成粉状、碎末或泥状。使用时要挑选转速较快、可换刀头的调理棒，才能打碎各类食材。

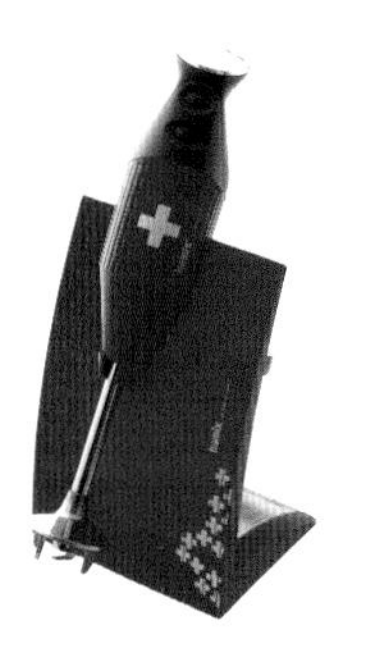

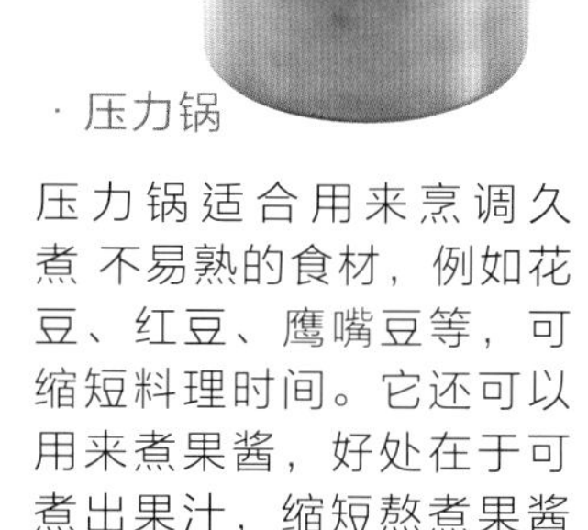

· 压力锅

压力锅适合用来烹调久煮不易熟的食材，例如花豆、红豆、鹰嘴豆等，可缩短料理时间。它还可以用来煮果酱，好处在于可煮出果汁，缩短熬煮果酱的时间。可依需要选购适合容量，一般来说，3.5升适合炖煮至4人份；8升的大容量则适合一家5 口的用餐量。

· 食物干燥机

以低温风干食物的机器。只要把食材切好放在烘盘上，设定温度和时间，即可自制果干、肉干、鱼干、蔬菜干及香料等等。

· 平底锅

平底锅可分为不粘锅或不锈钢锅、铁锅。一般家庭若要选择方便操作的，当然以不粘锅为第一优先，不必担心粘黏，清洗时只要加入清洁剂以海绵清洗即可。因为果汁越煮越浓稠时也较会黏锅，所以选用不粘锅较方便。
另外，挑选的不粘锅必须是有抗酸功能，烹煮时才不会 破坏到不粘锅的涂层。

好用小物

· 易拉转

一种切菜器，利用绳子带动刀片旋转，将食物做简单的切碎和混匀的功能。可以用于切末、切碎，或是制作酱料时打匀。

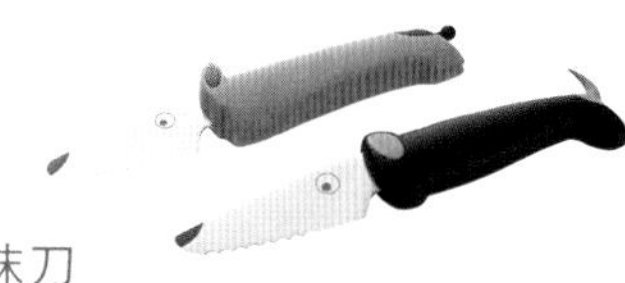

· 抹刀

除了可以涂抹酱料以外，可以利用锯齿刀面切下有纤维的抹酱，或是涂好抹酱时顺便将面包分割成小块状。

基本工具

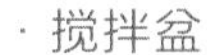

· 搅拌盆

搅拌混合材料时使用，有不锈钢及玻璃两种材质，不锈钢材质较耐用，建议至少要准备大、中、小三种不同尺寸，方便材料隔水加热融化或混拌时使用，大盆也可当作发酵面团的容器。

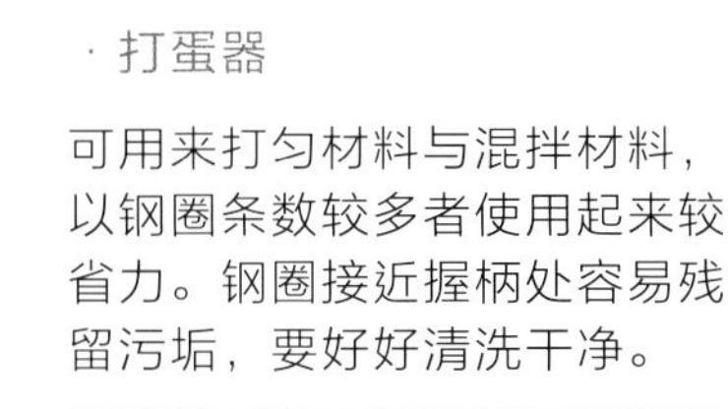

· 打蛋器

可用来打匀材料与混拌材料，以钢圈条数较多者使用起来较省力。钢圈接近握柄处容易残留污垢，要好好清洗干净。

· 硅胶搅拌勺

用于搅拌加热中或是煮好的食材，可把锅中的食材刮得很干净。须挑选耐高温材质，可视食材的多寡挑选大小适合的搅拌勺。

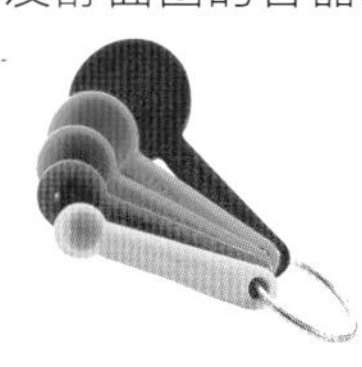

· 量匙

用来测量小分量的工具，分别为1大匙(15ml)、1小匙(5ml)、1/2小匙(2.5ml)、1/4 小 匙 (1m l) ，这组还有1/8小匙，可精准地测量到需要的小分 量。测量粉类时可多舀一些，再用汤匙柄整平。

· 橡皮刮刀

有耐高温与塑料材质两种，用于拌匀抹酱材料。因为是圆弧形，所以也可以把沾留在器具上的材料刮干净。最好选耐高温的橡皮刮刀，它还可用来搅拌热的液态材料。

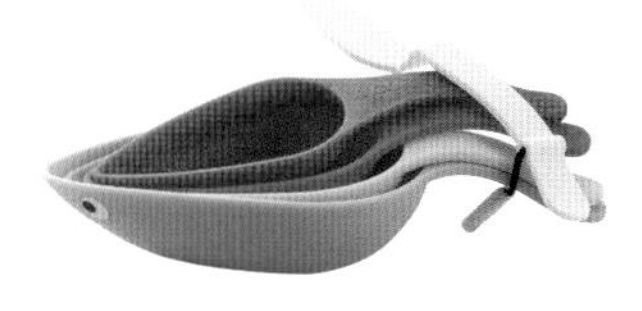

· 量杯

用来称量大分量的液体、粉类材料的器具，市面有玻璃、塑料、亚克力、不锈钢等多种材质。这是一组含有1/4杯(60ml)、1/3杯(80ml)、1/2杯(125ml)、1杯(250ml)的量具，并附上抹平工具，可更精准称到需要的分量。

· 电子秤

多用来称取分量较多的固体材料，使用可归零的电子秤，不仅可称量到如1～2克的小分量，也可避免传统磅秤因使用时间久了之后的弹簧弹性疲乏，以及最小刻度只有5克，造成的称量不准确。

· 刮刀

可以把抹酱摊平、集中和塑形等。

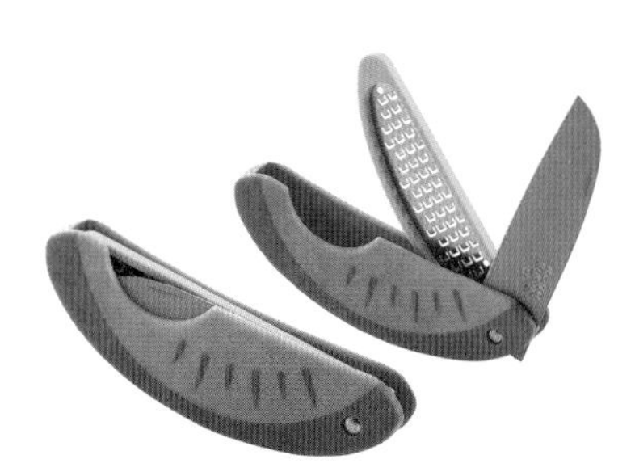

· 多功能水果刀

可切水果，又可以刨丝、刨柑橘类水果的皮屑，如柠檬和橙子，收纳方便。

这样做抹酱增加风味

香料是制作抹酱必备的材料，考虑到保存时间，书中使用的香草类都是干燥品。

香草类

· 干燥欧芹

又称洋香菜、巴西里，色泽鲜明，风味清香，使用范围广泛，常用在西式料理中调味及装饰用，而在抹酱中有增加色彩及提香的效果。

· 干燥迷迭香

具有强烈的草味，略带甘味及苦味，它的用途很广，酱料、煎煮、烧烤、炖汤、糕点、腌渍等都适用，是意式和法式料理不可少的调味料。

· 干燥百里香

味道香浓强烈，多搭配肉类、海鲜 。可以制作高汤，也常加入西点中做成饼干或蛋糕食用。

· 茴香

这里指的是凯莉茴香，小茴香也称葛缕子，不是大茴香一八角。味道温和，带有芳香气味，可用在制作肉类、海鲜类抹酱，以增加香气。

· 意大利综合香料

混合的复方综合香料，里面有罗勒叶、迷迭香、百里香等香料，是万用香料的 一种，广泛使用在意式料理中。

果干类

抹酱中也很风行使用葡萄干、蔓越莓@干、蓝莓@干等带酸甜风味的果干。这些果干可以切碎直接使用，或是用朗姆酒浸泡做成酒渍果干，提升香气。

辛香料类

· 匈牙利红椒粉

红甜椒干燥后磨成粉制成，又称“红甜椒粉」。味道香甜而不辣，带有浓郁香气与鲜艳的红色，同时具有调色与调味的双重效果。要放冰箱中冷藏保存，以保持香味与鲜红色。

· 洋葱粉

用新鲜的洋葱干燥后磨成的粉。带有浓郁的洋葱味，可以取代新鲜洋葱，达到增香的功效。它和香蒜粉都是咸味抹酱中的重要材料。

· 香蒜粉

用新鲜的蒜头干燥后磨成的粉。有浓烈的蒜味，具代替蒜头的效果，用在抹酱中可增加香气及去腥味。

· 姜黄粉

又叫郁金香粉，以姜黄根制成，是黄色的香料，带有淡淡辛香味，用途广泛，常和咖喱搭配 。撒入姜黄 粉后要和全部材料拌匀，才不会结块，而且使用分量不宜过多，否则会产生苦味。

自己做洋葱粉和蒜粉

洋葱粉和蒜粉除了买市售品外，也可以自己做。做法是将洋葱及蒜头切片，放到食物干燥机内，以48℃烘烤18～24小时，完全干燥后，再用调理棒打成粉状即可。

香料类

都是由食材研磨而成的粉类，如杏仁粉是由杏仁、椰子粉是由椰子果实、可可粉是由可可豆、抹茶粉则是由绿茶茶叶磨成，皆是要做该风味抹酱不可缺少的材料。

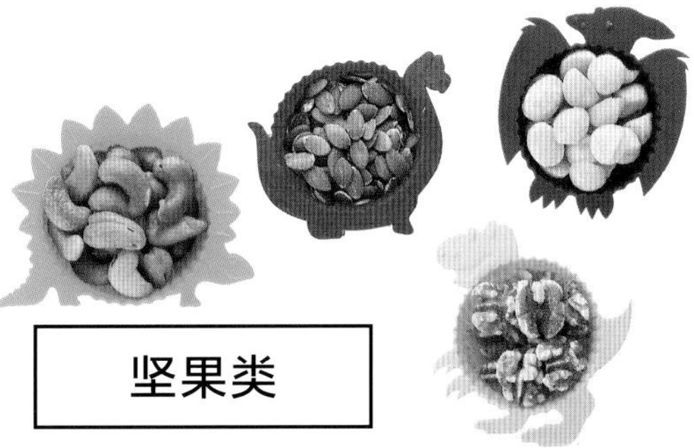

坚果类

在抹酱中加坚果类可增添香气、口感和营养价值，一般最常用的有核桃、腰果、南瓜籽、夏威夷豆等。要注意如果买到的是生的，使用前要烤熟才可用。

Spread

15款
基·础·底·酱
变化出绝品好味

搜罗市售的经典、人气甜咸抹酱，
归类成15款基础底酱，延伸出各式风味好酱，
想学想吃的全包括在内。

奶油酱

说说奶油酱

奶油酱顾名思义是以奶油（黄油）为主要材料，再加上调味料、香料做出咸甜口味的变化，最为人知的是“香蒜奶油酱”。这里使用到的黄油，是从牛奶中提炼出来的动物性油脂，素食者只要是“奶素”的就能食用。它分成有盐黄油和无盐黄油，咸口味的抹酱可选用有盐或无盐黄油 ；而甜口味的抹酱一般会使用无盐黄油，以免干扰做出的抹酱味道。

市面上虽然有植物性油脂，但除了椰子油外，常温通常都是液态。植物油为了好涂抹必须把液态油脂转换为固态，这过程会产生“反式脂肪”，会对身体造成伤害，所以不建议使用植物油。

抹酱运用

做好的奶油酱除了当抹酱外，咸味酱还可用于料理焗烤、烘焙馅料，或是炖饭等等。这些都是不错的运用方法。奶油酱抹在面包上吃时，建议烤过再吃，可增添香酥的口感。

做酱小叮咛

· 黄油使用前放室温软化

黄油从冰箱取出时状态较硬，不容易和其他材料混合，所以无论是无盐黄油或有盐黄油，制作前需放置室温软化，夏天约需30分钟，冬天则需1～2小时。

确定已软化的测试方法：用手指头按压黄油，会呈现一个凹洞，表示可以使 用。

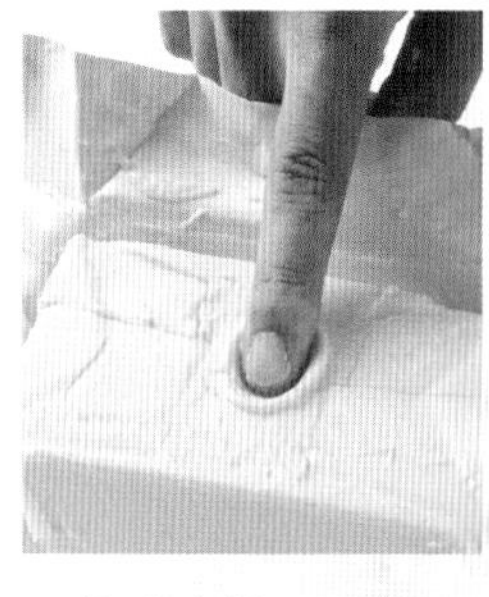

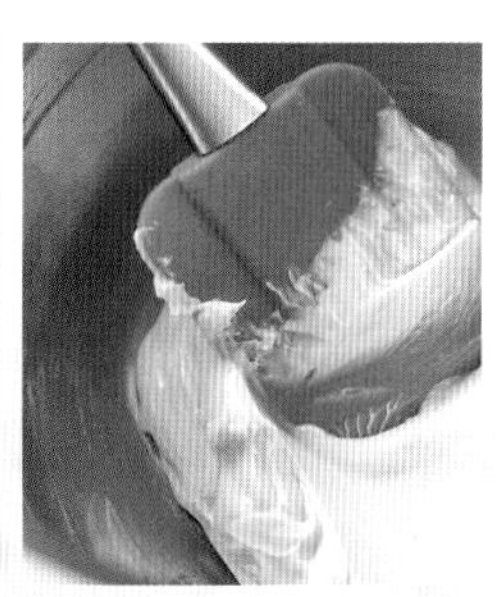

· 黄油先拌开再使用

已软化黄油先均匀拌开，再加其他材料混合，这样较好操作。建议选用橡皮刮刀，而不要用打蛋器，较不会卡奶油而不好清洗。

1 香蒜奶油酱

材料：〔每份2大匙 ×9〕

黄油220克

蒜头35克

盐1/4小匙

红椒粉少许

干燥欧芹1大匙

干燥欧芹又称洋香菜叶，味道清香，是西式料理常用的香料。

做法：

1 黄油放室温至软化。

2 蒜头剥去外皮，用磨泥板磨成泥状。

3 将软化黄油和盐放入搅拌盆中，用橡皮刮刀拌匀。

4 再加入蒜泥、红椒粉、欧芹拌匀即可。

冷藏30天／冷冻90天

赏味期

冷藏20天 | 冷冻45天
赏味期

茴香鲑鱼奶油酱

材料：〔每份2大匙 ×10〕

A　有盐黄油 220 克 | 茴香粉 1/4 小匙 | 洋葱粉 1/4 小匙 | 香蒜粉 1/4 小匙

B　鲑鱼 150 克 | 盐少许

做法：

1　黄油放室温至软化。

2　鲑鱼表面撒上盐，放入平底锅中，以中 火煎至熟透，取出，去除鱼皮、鱼刺， 再放入锅中，续以中小火炒至鲑鱼肉呈 现松丝状，取出待凉。

3　将软化黄油放入搅拌盆中，用橡皮刮刀拌匀，再加入做法2的鲑鱼松及茴香粉、洋葱粉、香蒜粉拌匀，即为鲑鱼奶油酱。

4　将保鲜膜摊开，前端放入做法3的鲑鱼奶油酱，用双手卷成圆柱状，两端固定 后再扭紧，放入冰箱冷藏1小时，直到奶油凝固，食用时切成片状即可。

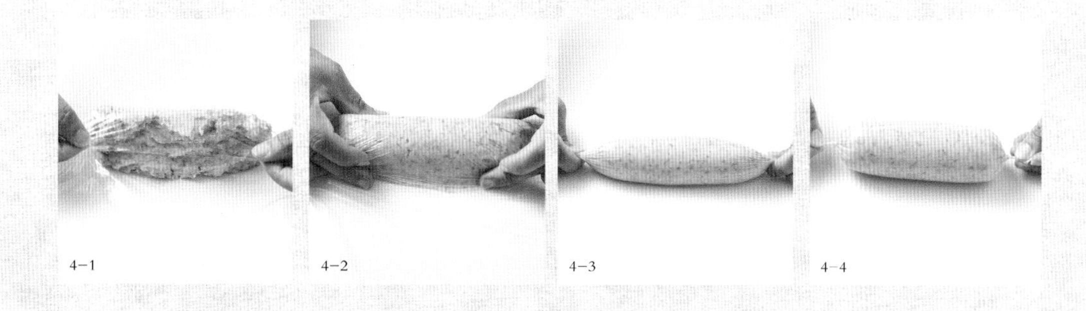

4-1　4-2　4-3　4-4

⊙鲑鱼必须用干锅直接炒至金黄松丝状，炒的过程可用锅铲协助压碎至炒干，若是水分残留过多会影响保存时间。

⊙鲑鱼建议买生鱼片等级为佳。

⊙卷茴香鲑鱼奶油卷时，用双手固定两侧，再顺势包卷成圆柱 状。若不够圆，可用手抓两边再多卷几圈，可让奶油卷变圆。

冷藏30天｜冷冻90天
赏味期
西红柿奶油酱
香草椒盐奶油酱
冷藏60天｜冷冻120天
赏味期

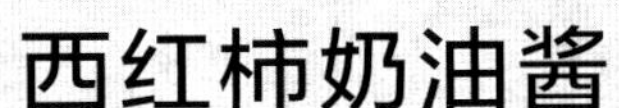

3 西红柿奶油酱

材料：〔每份 2 大匙 ×10〕

A 黄油 220 克｜圣女西红柿 250 克

B 西红柿糊 1 大匙｜干燥罗勒叶 1/4 小匙｜盐 1/4 小匙｜香蒜粉 1/4 小匙

做法：

1 圣女西红柿去蒂头，放入食物干燥机，以46℃烘烤约12小时至干。

2 黄油放室温至软化；烘干圣女西红柿切碎，备用。

3 将软化黄油放入搅拌盆中，用橡皮刮刀拌匀，再加入西红柿碎及所有材料B 拌匀即可。

⊙家中若没有食物干燥机，番茄干可买市售的。

⊙罗勒叶建议用干燥品，可以增加保存期限；新鲜罗勒含有水分容易腐败，而且切碎后会很快氧化变黑，影响美观。

4 香草椒盐奶油酱

材料：〔每份 2 大匙 ×7〕

黄油 220 克｜胡椒盐 1/4 小匙｜意大利综合香料 1/4 小匙

彩色胡椒 1/4 小匙

做法：

1 黄油放室温至软化。

2 将软化黄油放入搅拌盆中，用橡皮刮刀拌匀，依序加入胡椒盐、意大利综合香料及磨入彩色胡椒，拌匀即可。

可用 1/4 小匙个人喜爱的香草，如迷迭香、百里香、俄力冈等搭配使用。使用新鲜香草的话，酱的保存期限会较短，而使用干燥的香草可延长时间。

法国罗勒奶油酱

材料：〔每份 2 大匙 ×8〕

A 黄油 220克
香蒜粉 1/4 小匙

B 九层塔 250克
烤好松子 100克
蒜头 20克

C 冷压初榨橄榄油 1/2 杯
盐 1/4 小匙
细砂糖少许
起司粉 3 大匙

做法：

1. 黄油放室温至软化；蒜头剥去外皮。
2. 九层塔取下叶片后洗净，放入滚水中汆烫，立刻取出用冰块冰镇，沥干后再以厨房纸巾吸干水分。
3. 搅拌盆中放入所有材料B及冷压初榨橄榄油、盐、细砂糖，先以调理棒打成泥状后，再加入起司粉拌匀，即为青酱
4. 将软化黄油放入搅拌盆中，用橡皮刮刀拌匀，再加入做法3的两大匙青酱、香蒜粉，拌匀。

⊙九层塔汆烫后立即冰镇，可避免叶子氧化而影响做出来的酱汁颜色。

⊙松子若是买到生的，可放入预热 170℃的烤箱中，烤到外观金黄色即可。

⊙做好的青酱可用在炒饭、炖饭或意大利面，冷冻可保存 2 个月。

6

明太鱼子奶油酱

材料：〔每份 2 大匙 ×10〕

黄油 220 克

红紫苏叶 4 片

明太鱼子 50克

柠檬皮碎 1/2 大匙

洋葱粉 1/4 小匙

做法：

1 黄油放室温至软化；红紫苏叶切碎备用。

2 将软化黄油放入搅拌盆中，用橡皮刮刀拌匀，再加入明太鱼子、柠檬皮碎、红紫苏碎及洋葱粉，拌匀。

明太鱼子可到网店或进口超市购买；这里添加的柠檬皮碎可去明太鱼子的腥味。

咖喱胡椒奶油酱
冷藏30天 | 冷冻90天
赏味期
青葱奶油酱
冷藏30天 | 冷冻90天
赏味期

7 青葱奶油酱

材料：〔每份2大匙 ×9〕

A 有盐黄油220克｜葱50克

B 香蒜粉1/4小匙｜洋葱粉1/4小匙
彩色胡椒少许

做法：

1 黄油放室温至软化。

2 葱切去根部，放入食物干燥机，以58℃烘烤约2小时至干，再用调理棒打成粉末状。

3 将软化黄油放入搅拌盆中，用橡皮刮刀拌匀，再加入葱粉及材料B，拌匀即可。

葱可以晒干再磨成粉，干燥方式亦可用烤箱以低温烘干；若是用新鲜的葱，可用同等分量，切碎后使用，做好的抹酱要在1～2天内吃完。

8 咖喱胡椒奶油酱

材料：〔每份2大匙 ×8〕

有盐黄油220克｜咖喱粉1大匙

姜黄粉1/4小匙｜彩色胡椒1/4小匙

做法：

1 黄油放室温至软化。

2 将软化黄油放入搅拌盆中，用橡皮刮刀拌匀，再加入咖喱粉、姜黄粉，磨入彩色胡椒，拌匀即可。

咖喱粉有很多种，可用两种咖喱混合调味，增加香气。挑选方法为，一种选姜黄比例较高的黄咖喱粉，另一种选暗褐色咖喱粉。

冷藏30天 | 冷冻60天
赏味期
松露蘑菇奶油酱
柠檬奶油酱
冷藏30天 | 冷冻90天
赏味期

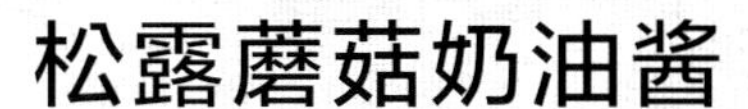

松露蘑菇奶油酱

柠檬奶油酱

材料：〔每份2大匙 ×10〕

A 黄油 100 克 | 蘑菇 250 克
松露 50 克 | 黑橄榄 50 克

B 香蒜粉 1/4 小匙 | 洋葱粉 1 大匙
盐 1/4 小匙

做法：

1 黄油放室温至软化。

2 蘑菇、松露及黑橄榄切碎备用。

3 起干锅，放入蘑菇碎，以中火炒至水分收干。

4 加入黑橄榄碎、松露碎，续以中火炒至出现香气，依序加入所有材料B，待凉，再加入黄油拌匀即可。

⊙蘑菇必须炒至水分收干，以延长存放时间。

⊙松露可到进口超市购买，也可用 1 大匙的松露酱代替。因售价高，也可全部都用黑橄榄取代。

⊙调理好的酱除了抹在面包上吃，还可以搭配牛排、意大利面、炖饭，或是用于焗烤菜肴，当料理酱使用。

材料：〔每份 2 大匙 ×8〕

黄油 220 克 | 柠檬 2 颗 | 糖粉 2 大匙

做法：

1 黄油放室温至软化。

2 柠檬先刨下柠檬皮屑后，将柠檬榨成汁。

3 将软化黄油放入搅拌盆中，加入糖粉，用橡皮刮刀拌匀，再加入柠檬汁、柠檬皮碎拌匀即可。

2

刨柠檬皮时，不要磨到绿色外皮内的白色内膜，那样会有苦涩味。市面上有好用的小工具，让取柠檬皮变容易。

11 蛋黄奶油酱

材料：〔每份 2 大匙 ×10〕

黄油 220 克 | 稀奶油 2 大匙 | 糖粉 2 大匙 | 蛋黄 3 颗

做法：

1 黄油放室温至软化。

2 稀奶油用打蛋器打发备用

3 软化黄油放入搅拌盆中，加入糖粉，用橡皮刮刀拌匀，再依序加入打发稀奶油、蛋黄，拌匀，放入冰箱冷藏保存。

⊙稀奶油要成功打发，必须使用干净无油的容器；若要省点力气，可选用搅拌棒或电动打蛋器。

⊙稀奶油打发成挺立的固体状，做成的这道抹酱才不会过稀。

⊙这里用的蛋黄是生食，建议使用有机鸡蛋，若担心，可抹于面包上后烤过再食用。

蛋黄奶油酱

橙皮奶油酱

12 橙皮奶油酱

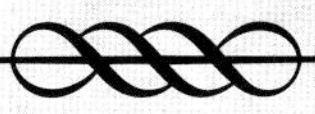

材料：〔每份 2 大匙 ×10〕

A 黄油 220 克

B 柳橙果肉 100 克

细砂糖 2 大匙 | 朗姆酒 1 大匙

C 蜜橙 5 颗 | 细砂糖 5 大匙 | 水 1/2 杯

D 柳橙4颗

做法：

1 黄油放室温至软化。

2 柳橙果肉放入锅中，加入细砂糖、朗姆酒，煮滚转小火煮3分钟，捞起放入食物干燥机，以56℃烘烤8小时，再切成碎状。

3 蜜橙取下果皮后将皮切小丁，放入锅中，加入细砂糖及水，以小火煮8分钟，煮至汤汁成浓稠状，即为蜜橙皮。

4 将柳橙榨汁，放入锅中，滚煮后转中小火，煮至果汁呈浓稠状，即为柳橙浓缩汁。

5 将软化的黄油放入搅拌盆中，用橡皮刮刀拌开，再加入做法3的蜜橙皮50克、做法2的干燥柳橙果肉碎、做法4的柳橙浓缩汁两大匙，拌匀。

- 自己做的新鲜柳橙浓缩汁若太酸可加少许糖调味。没用完的可放冰箱保存，冷藏可两星期、冷冻可两个月。
- 蜜橙皮可用香吉士或蜜橙的果皮，白色薄膜会苦，一般要去掉，但因为这里是用蜜橙，所以可不用去。自制蜜橙皮可用于制作饼干、面包，保存期限为冷藏两星期、冷冻两个月。
- 做法 5 中蜜橙皮及柳橙浓缩汁都要等放凉再加入，以免有水汽使抹酱容易坏。

杏仁奶油酱

材料：〔每份2大匙 ×10〕

黄油220克｜糖粉3大匙｜蛋黄2颗

杏仁粉3大匙

做法：

1 黄油放室温至软化。

2 将软化的黄油放入搅拌盆中，加入糖粉，用橡皮刮刀拌匀，再加入蛋黄、杏仁粉拌匀即可。

百香果奶油酱

材料：〔每份2大匙 ×8〕

A 黄油220克

B 百香果肉 100 克｜细砂糖 30 克

做法：

1 黄油放室温至软化。

2 将百香果肉放入锅中，加入细砂糖，以小火煮约6分钟，边煮边搅拌，煮至呈现浓稠状，熄火待凉，即为百香果浓缩汁。

3 将软化的黄油放入搅拌盆中，用橡皮刮刀拌匀，再加入做法2的百香果浓缩汁，拌匀即可。

这道酱有加生蛋黄，建议挑选有机鸡蛋来做，食用时若担心卫生问题，抹于面包上后可以烤一下。

椰香奶油酱

材料：〔每份2大匙 ×12〕

黄油220克｜糖粉3大匙

椰子丝50克｜椰子粉3大匙

做法：

1 黄油放室温至软化。

2 将软化的黄油放入搅拌盆中，加入糖粉，用橡皮刮刀拌匀，再加入椰子丝、椰子粉拌匀即可。

蜂蜜草莓奶油酱

材料：〔每份2大匙 ×10〕

A 黄油220克｜蜂蜜2大匙

B 草莓 120 克｜细砂糖 3 大匙

朗姆酒 1 大匙

做法：

1 黄油放室温至软化。

2 草莓洗净后去蒂头，用厨房纸巾擦干，放入锅中，加入细砂糖、朗姆酒，小火熬煮10分钟，取出待凉。

3 将软化的黄油放入搅拌盆中，用橡皮刮刀拌匀，再加入做法2的草莓@、蜂蜜拌匀即可。

起司酱

说说起司酱

起司类本身没什么明显的甜咸味，因此做成甜咸口味的抹酱都可以。挑选做抹酱用的起司，原则上只要是软质的就可以，可依照个人喜欢的口味做搭配。

这里选择奶油起司(Cream Cheese，其中“起司”也称为奶酪、乳酪)，它是起司蛋糕的材料之一，很容易取得，烘焙材料行、超市都可以买到。此外，还可使用马斯卡彭(Mascarpone)起司，它的软硬程度介于奶油起司和稀奶油之间，乳脂肪成分为80%，是以牛乳制成的未发酵的全脂软质起司，也是甜点提拉米苏的材料。

甚至你也可以选择羊奶酪制作，如白霉起司、蓝纹起司、半硬质起司等。将它们使用在料理、抹酱或是腌制上，都跟牛乳起司有截然不同的风味与香气。

抹酱运用

调制好的抹酱可以夹入面包中，或是用在披萨中，可依照抹酱的咸甜味来做搭配选择；而甜味也可当甜薄饼的抹酱或夹层。

做酱小叮咛

· 加热食材要放凉再加

配方中若有加热的食材，要将之放凉后再放入，以免奶油起司融化。

· 挑选新鲜起司

购买起司时要注意选择制造日期较近的。此外，要注意，有的起司冷冻会造成脱水的现象，像马斯卡彭，所以存放时须先看保存方法，以免影响起司风味。

17 洋菇起司芥末籽酱

材料：〔每份2大匙 ×10〕

黄油50克

洋菇100克

奶油起司220克

芥末籽酱 3 大匙

盐 1/4 小匙

做法：

1 黄油放室温至软化。

2 洋菇切成片状，放入180℃的油锅中，用中小火炸至外观金黄色，捞起沥干。

3 将奶油起司、软化黄油放入搅拌盆中，用橡皮刮刀拌匀。

4 再加入炸洋菇、芥末籽酱、盐拌匀即可。

这道酱的盐可换成海盐，以增添风味。

培根起司酱

材料：〔每份2大匙 ×10〕

A 培根 3 片｜奶油起司 220 克

B 洋葱粉 1 大匙｜香蒜粉1/4 小匙

海盐少许

做法：

1. 培根切成碎状，放入平底锅中，用中火干煎至外观金黄色，取出待凉。
2. 将奶油起司放入搅拌盆中，用橡皮刮 刀拌匀，再依序加入做法1炒的培根、 所有材料B，拌匀即可。

起司青酱

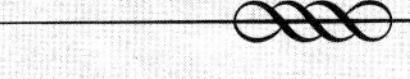

材料：〔每份2大匙 ×9〕

马斯卡彭起司 220 克

青酱 50 克（做法见第 24 页）

做法：

1. 将马斯卡彭起司放入搅拌盆中，用橡皮刮刀拌匀，再加入青酱拌匀，放入冰箱冷藏保存。

20 牛奶糖腰果起司酱

材料：〔每份2大匙 ×10〕

奶油起司 220 克｜腰果 50 克｜牛奶糖 80 克

做法：

1 腰果放入预热170℃烤箱中，烤8分钟至熟，取出，用刀背拍碎，待凉备用。

2 牛奶糖放入干不粘锅中，用中小火边煮边压边拌匀，煮熔后取出。

2-1

2-2

2-3

3 奶油起司放入搅拌盆中，加入做法2熔化的牛奶糖拌匀，加入腰果碎再次拌匀即可。

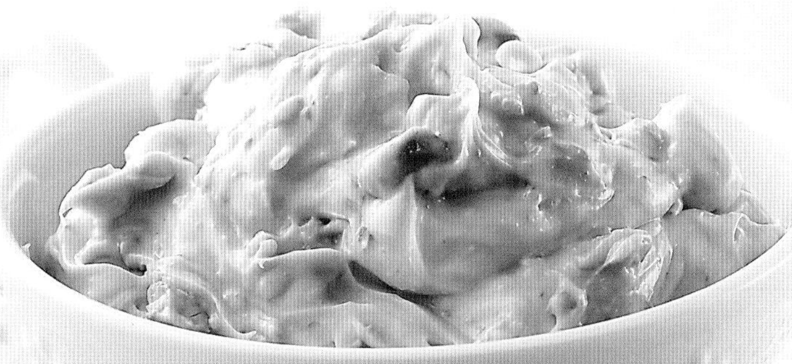

熔化的牛奶糖可先加一点奶油起司拌匀降温，再加入剩余的奶油起司中，以免奶油起司熔化。

卡布奇诺起司酱

材料：〔每份2大匙 ×10〕

奶油起司 220 克 | 稀奶油 30 克

咖啡粉 3 大匙 | 盐 1/4 小匙 | 豆蔻粉少许

做法：

1 奶油起司放入搅拌盆中，用橡皮刮刀拌匀，再依序加入其余材料，拌匀即可。

牛油果马斯卡彭起司酱

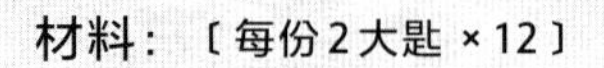

材料：〔每份2大匙 ×12〕

A 马斯卡彭起司220克

牛油果肉120克｜辣椒30克

B 香蒜粉1/4小匙｜盐少许

牛油果的外皮如果是绿色，果实味道会涩，需放到外皮变咖啡色，表示熟度够才可以吃。

做法：

1 牛油果肉切成小丁状。

2 辣椒去籽后切碎。

3 将马斯卡彭起司放入搅拌盆中，用橡皮刮刀拌匀，再加入牛油果丁、辣椒碎及材料B拌匀，放入冰箱冷藏保存。

牛油果取果肉的方法是：先对半划刀，遇籽停，顺着圆划一圈，用手顺着刀痕掰开成两半，直接取出籽，去皮，即可视需要的大小切块。

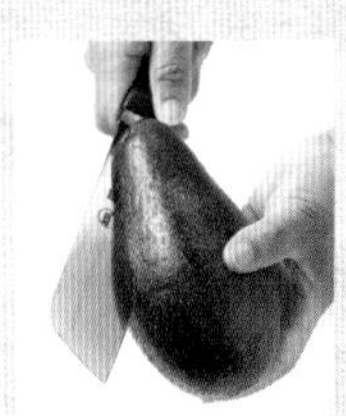

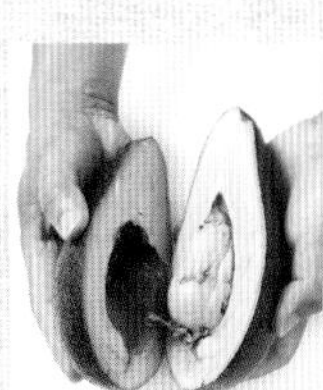

枫糖坚果起司酱

金钻凤梨起司酱

23

枫糖坚果起司酱

材料：〔每份 2 大匙 ×10〕

奶油起司 220 克

烤熟综合坚果 80 克

枫糖浆 30 克

做法：

1 综合坚果用刀背略为拍碎备用。

2 将奶油起司放入搅拌盆中，加入枫糖浆，用橡皮刮刀拌匀，再加入坚果碎，拌匀即可。

⊙综合坚果可选用核桃、南瓜籽、腰果、夏威夷豆、榛果等；若是生的，可放入预热 170℃的烤箱中烤约 8 分钟。烤好的要放凉才可以和奶油起司拌在一起。

⊙枫糖浆可改用蜂蜜或焦糖，做出来的口味也非常美味。

24

金钻凤梨起司酱

材料：〔每份 2 大匙 ×10〕

奶油起司 200 克

凤梨果肉 120 克

细砂糖 50 克

蜂蜜 3 大匙

做法：

1 将凤梨果肉切成丝状。

2 凤梨丝放入锅中，加入细砂糖，用小火煮约20～30分钟，直到汤汁收干后，取出待凉。

3 将奶油起司放入搅拌盆中，用橡皮刮刀拌匀，再加入做法2的凤梨丝及蜂蜜拌匀即可。

制作中最重要的是降低凤梨水分，所以必须煮至收干。在煮的过程中凤梨会释放出水分，煮到锅内变浓稠时，可根据味道做甜度调整，配方中的糖不一定要全部用完。

冷藏7天 | 冷冻30天
赏味期
蜂蜜起司苹果酱
1/4 CUP
60 ml
地瓜起司酱
冷藏30天 | 冷冻90天
赏味期

蜂蜜起司苹果酱

材料：〔每份2大匙 ×10〕

A 奶油起司 220 克 | 蜂蜜 35 克

B 苹果 80 克 | 细砂糖 2 大匙

柠檬汁 1 大匙

做法：

1 苹果去外皮及籽，切成 0.5厘米丁状。

2 苹果丁放入锅中，加入细砂糖，用小火煮15分钟，煮到收干，再加入柠檬汁拌匀，待凉。

3 奶油起司放入搅拌盆中，用橡皮刮刀拌匀，再加入做法2的苹果、蜂蜜拌匀即可。

苹果必须先煮成含水分较少的糖煮苹果。煮好要放凉才可拌入奶油起司中。

地瓜起司酱

材料：〔每份2大匙 ×15〕

地瓜 100 克 | 奶油起司220克

蜂蜜 3 大匙 | 稀奶油 3 大匙

原味酸奶3大匙(做法见第43页)

做法：

1 地瓜去皮后，切丁，放入锅中，用大火蒸20分钟至熟，趁热用汤匙或压泥器压成泥状，待凉备用。

2 将奶油起司放入搅拌盆中，放入蜂蜜，用橡皮刮刀拌匀。。

3 续加入原味酸奶、稀奶油、地瓜泥，再次拌匀即可。

蒸熟地瓜除了用汤匙、木匙压泥外，也可以使用市售的压泥器来压成泥状。

酸奶酱

说说酸奶酱

酸奶做出的抹酱带酸味，口感偏向清爽，受到不少人的喜爱，常在开胃菜中看见。

这类抹酱中，最知名的是希腊的黄瓜酸奶酱，英文名tzatziki。土耳其也有这款酱。它是以酸奶、小黄瓜、大蒜和香草做成，常搭配肉类或海鲜一起食用，可平衡肉类的油腻感。这里为了材料取得方便，用自己做的原味酸奶代替希腊酸奶，美味度仍丝毫不减。

酸奶除了可和香料做成抹酱外，也可以搭配果酱演变不同滋味的水果酸奶酱，书中教读者使用两种果酱，调配出最佳风味的酸奶酱。

抹酱运用

酸奶做成酱除了可当抹酱外，也可做日式炸猪排等炸物的搭配沾酱，或当作早餐及前菜的沙拉酱使用，像是生菜沙拉、水果酸奶沙拉等。

做酱小叮咛

这里使用的是无糖的原味酸奶，选购时要注意制造日期，以及选购不含香精添加物的。若担心市售品含有不当添加物，可以依照下面的食谱自己做。另外，要注意酸奶因为是奶制品，不适合放在室温下过久，以免变质。

27 原味酸奶

材料：〔1000ml〕

牛奶800ml｜原味酸奶（须含活菌）200ml

做法：

1. 将牛奶放入锅中，用中小火加热，边煮边搅拌，至40℃熄火。
2. 加入酸奶继续拌匀。
3. 放入外锅，盖上锅盖，静置保温6个小时。
4. 再移至冰箱冷藏保存。

1

2

3

- 市场上有专门的酸奶发酵菌可买，在容器做好消毒的前提下，制作酸奶的成功率很高。
- 因为酸奶菌怕氧气，所以必须加盖密封住，以让菌种繁殖生存。
- 可使用酸奶机制作，方便控制时间和温度。

香草酸奶起司酱
冷藏7天 | 不可冷冻
赏味期
酸奶黄瓜酱
冷藏7天 | 不可冷冻
赏味期

28

香草酸奶起司酱

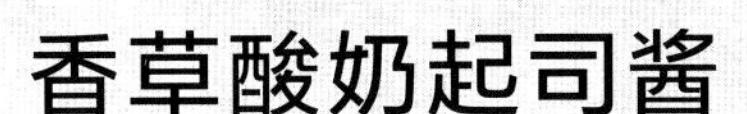

材料：〔每份2大匙 ×8〕

原味酸奶 200 克 | 盐 1/2 小匙

茴香粉 1/4 小匙

冷压初榨橄榄油 4 大匙

做法：

1 将纱布放玻璃罐内，用橡皮筋固定，再倒入原味酸奶，盖上保鲜膜放入冰箱冷藏2天，过滤成酸奶起司。

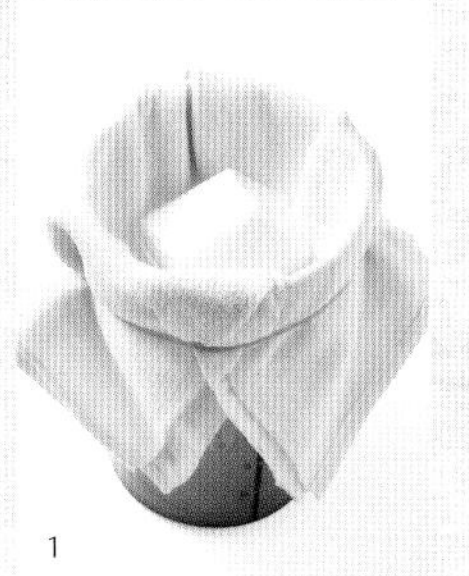

1

2 酸奶起司先加入茴香粉、盐拌匀，再加入冷压初榨橄榄油拌匀，放入冰箱 冷藏保存。

⊙茴香用新鲜茴香或干燥茴香均可，新鲜的份量是 1 克，而干燥茴香是 1/4 小匙，可视个人喜好选用。

⊙酸奶过滤是为了降低水分，过滤后硬度像奶油起司，则表示已经过滤完成。

29

酸奶黄瓜酱

材料：〔每份2大匙 ×15〕

A 原味酸奶300克

马斯卡彭起司 100 克

柠檬汁 2 大匙

B 小黄瓜 50 克 | 盐适量

蒜仁 25 克 | 新鲜薄荷 5 克

黑胡椒粉 1/4 小匙

做法：

1 将原味酸奶放入搅拌盆中，加入马斯卡彭起司、柠檬汁拌匀。

2 小黄瓜切成丝状，加少许盐，抓匀后放约10分钟，挤去多余水分。

3 将做法2的小黄瓜丝、蒜仁、薄荷用调理棒打碎，加入做法1拌好的酸奶酱、少许盐及黑胡椒粉，再次拌匀，放入冰箱冷藏保存。

小黄瓜先用盐腌过，可逼出水分，以免在酱料中出水稀释抹酱味道。

30

牛油果酸奶起司酱

材料： 〔每份 2 大匙 ×15〕

牛油果肉 100 克 | 原味酸奶 200 克

马斯卡彭起司 100 克 | 柠檬汁 2 大匙

蜂蜜 2 大匙

做法：

1 牛油果肉切成丁状（取果肉详细步骤见第39页）。

2 将原味酸奶放入搅拌盆中，加入马斯卡彭起司、柠檬汁拌匀。

3 再加入牛油果丁、蜂蜜拌匀，放入冰 箱冷藏保存。

31

双莓酸奶酱

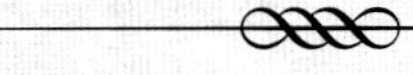

材料： 〔每份 2 大匙 ×10〕

原味酸奶150克

草莓果酱 75 克（做法见第 89页）

双莓果酱 75 克（做法见第 91 页）

做法：

1 将原味酸奶放入搅拌盆中，加入草莓果酱、双莓果酱拌匀，放入冰箱冷藏保存。

32

百香果美乃滋酸奶

材料：〔每份 2 大匙 ×10〕

A 百香果肉 50 克｜细砂糖 15 克

B 原味酸奶 150 克｜柠檬汁 1 大匙

原味美乃滋 100 克（做法见第 57 页）

做法：

1 将百香果肉放入锅中，加入细砂糖，以小火煮约5分钟，边煮边搅拌，煮至呈现浓稠状，熄火待凉，即为百香果浓缩汁。

2 将原味酸奶放入搅拌盆中，加入美乃滋拌匀。

3 再加入做法1百香果浓缩汁、柠檬汁拌匀，放入冰箱冷藏保存。

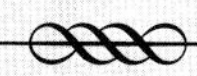

33

咖喱酸奶酱

材料：〔每份 2 大匙 ×16〕

原味酸奶 400 克｜咖喱粉 3 大匙

姜黄粉 1/4 小匙｜盐 1/4 小匙

苹果泥 3 大匙

做法：

1 将原味酸奶放入搅拌盆中，加入咖喱粉、姜黄粉、盐拌匀。

2 再加入苹果泥拌均匀，放入冰箱冷藏保存。

⊙这道抹酱加苹果泥是为了增加果香气。

⊙咖喱酸奶酱也可用来煮咖喱，或当炸猪排的沾酱。

说说克林姆酱

克林姆酱用法很广泛，很多的中西甜点都可使用，也可加入其他材料，做成不同风味的抹酱。这道酱的做法是用牛奶小火加热后，以玉米粉、面粉勾芡，煮至浓稠，再加入蛋黄，这和有人称为“蛋奶酱”“卡士达酱”的原理做法差不多，都离不开牛奶、蛋黄、玉米粉及糖，也和街上贩卖的红豆饼中的奶油馅相同。

这里我会先用材料中的部分牛奶调稀玉米粉和面粉，既可避免煮酱过程结块，又可避免加水降低原本酱汁的纯度。

克林姆酱

抹酱运用

除了当抹酱外，还可作为克林姆面包的内馅，也可包在泡芙、包子中，或用在蛋糕夹层,味道都不错。

做酱小叮咛

· 选用天然的香草豆荚

克林姆酱中使用到的香草，最好用香草豆荚制作较天然，味道也较佳。

· 牛奶不可煮滚

制作时牛奶要小火煮，不能滚沸，因煮滚会产生大量泡泡，而且油脂会浮起，影响口感。

· 煮酱过程要不断搅拌

煮酱过程需要不断搅拌，以免酱汁结块；若结块，可煮好再以滤网过滤。勾芡时，加了玉米粉和面粉的牛奶液不要一次全倒入，可视勾芡状态慢慢加。

· 不可冷冻保存

克林姆酱除了淀粉质勾芡外，还有添加牛奶，这两者结合后若低温冷冻会导致脱水，为了美味度只能冷藏保存。

34 克林姆酱

材料：〔每份 2 大匙 ×10〕

A 香草豆荚 1 条 | 牛奶 100ml | 炼奶 1 大匙 | 糖粉 30 克 | 蛋黄 3 颗

B 牛奶 100ml | 玉米粉 2 大匙 | 中筋面粉 2 大匙

冷藏10天 | 不可冷冻 赏味期

做法：

1 香草豆荚用刀纵切开，再以刀尖刮下香草籽。

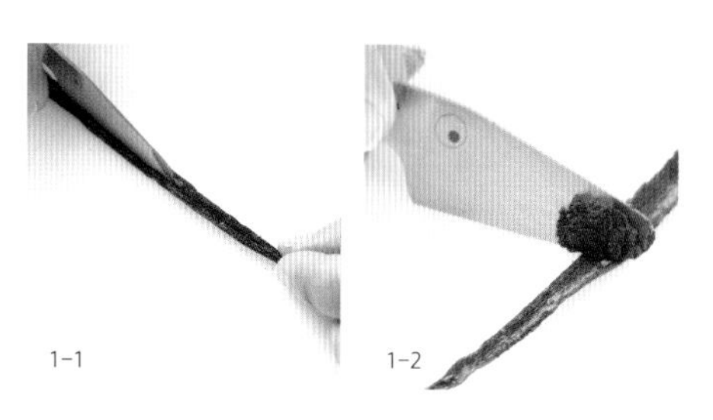

1-1 1-2

2 将材料B的玉米粉、面粉加入牛奶中拌匀。

3 材料A的牛奶放入锅中，加入炼奶、糖粉、做法1的香草籽，用小火加热 至略滚(约65℃)，同时用打蛋器拌匀。

3 4-1 4-2 4-3

4 转小火，慢慢加入做法2牛奶液，拌至浓稠状，边煮边搅拌，煮滚后熄火，加入蛋黄拌匀，待凉，放冰箱冷藏保存。

蛋黄必须等熄火加入，以免煮成蛋花。

35 香草奶油布丁酱

材料：〔每份 2 大匙 ×15〕

A 香草豆荚 1 条

牛奶 100ml

糖粉30克

市售布丁 1 个

黄油 50克

蛋黄3颗

B 牛奶100ml

玉米粉2大匙

中筋面粉 2 大匙

做法：

1 香草豆荚用刀纵切开，再以刀尖刮下香草籽；布丁切碎。

2 将材料B的玉米粉、面粉加入牛奶中拌匀。

3 材料A的牛奶放入锅中，加入糖粉、香草籽、布丁碎、黄油，用小火加热至略滚(约65℃)，同时用打蛋器拌匀。

4 转小火，慢慢加入做法2牛奶液，拌至稠状，边煮边搅拌，煮滚后熄火，加入蛋黄拌匀，待凉，放入冰箱冷藏保存。

36 柠香克林姆酱

材料：〔每份2大匙 ×10〕

A 柠檬2颗

牛奶100ml

糖粉30克

蛋黄3颗

B 牛奶100ml

玉米粉2大匙

中筋面粉 2 大匙

做法：

1 柠檬切半，挤成柠檬汁。

2 将材料B的玉米粉、面粉加入牛奶中拌匀。

3 材料A的牛奶放入锅中，加入糖粉，用小火加热至略滚(约65℃)，同时用打蛋器拌匀。

4 转小火，慢慢加入做法2牛奶液，拌至浓稠状，边煮边搅拌，煮滚后熄火，加入蛋黄及柠檬汁拌匀，待凉，放入冰箱冷藏保存。

菠萝克林姆酱
冷藏10天 / 不可冷冻
赏味期
棉花糖克林姆酱

棉花糖克林姆酱

材料：〔每份 2 大匙 ×10〕

A 牛奶100ml｜棉花糖 30 克

糖粉30 克｜蛋黄 3 颗

B 牛奶100ml｜玉米粉 2 大匙

中筋面粉 1 大匙

做法：

1 将材料B的玉米粉、面粉加入牛奶中拌匀。

2 材料A 的牛奶放入锅中，加入棉花糖、糖粉，用中小火加热至棉花糖熔化，同时用打蛋器拌匀。

3 转小火，慢慢加入做法1牛奶液，拌至浓稠状，边煮边搅拌，煮滚后熄火，加入蛋黄拌匀，待凉，放入冰箱冷藏保存。

菠萝克林姆酱

材料：〔每份 2 大匙 ×12〕

A 菠萝汁100ml｜细砂糖 3 大匙

菠萝果酱50 克（做法见第 86 页）

蛋黄3颗

B 菠萝汁100ml｜玉米粉2大匙

中筋面粉2大匙

做法：

1 将材料B的玉米粉、面粉加入菠萝汁中拌匀。

2 材料A的菠萝汁放入锅中，加入细砂糖、菠萝果酱，用中小火加热至沸腾，同时用打蛋器拌匀。

3 转小火，慢慢加入做法1菠萝汁液，拌至浓稠状，边煮边搅拌，煮滚后熄火，加入蛋黄拌匀，待凉，放入冰箱冷藏保存。

美乃滋

丨说说美乃滋丨

美乃滋的制作材料就是油、鸡蛋、柠檬汁，再加上糖、盐等调味料拌打制成。它最大的特点是包容性很大，可以加上其他材料变成不同风味的抹酱。

以往美乃滋的制作方法较为复杂，必须先将鸡蛋打发，再慢慢加入油脂，这些都是为了避免美乃滋变成豆花状，而现今市售调理棒的转速较强，几乎可把全部的材料倒入调理杯中，直接打好，也不用担心油水分离等问题。

此外，市面上有许多款式的美乃滋，多是使用营养较低的精制油脂调制而成，或是添加了许多的增稠剂或是乳化剂等。唯独自己做，才可以选用高营养价值的油品做调配，吃起来也比较健康又安心。

抹酱运用

美乃滋除了运用为抹酱外，也可以做成马铃薯沙拉、鲔鱼沙拉、沾酱或是用于焗烤料理。

做酱小叮咛

· 使用新鲜柠檬汁

使用新鲜柠檬汁来做调配，一方面可增加美乃滋的柠檬香，另一方面借其酸度可延长保存期限。

· 选用营养高的米糠油

做美乃滋一般会选用色拉油，这里改用糙米做成的米糠油，虽然成本较高，但营养成分也相对较高。

编者注：米糠油，也称为稻米油，在台湾地区和日本称为玄米油。

39 原味美乃滋

材料：〔400克〕

鸡蛋1颗｜盐少许｜细砂糖3大匙
米糠油1杯｜柠檬汁3大匙

做法：

1 将所有材料依序放入容器中，再以调理棒打至浓稠状即可。

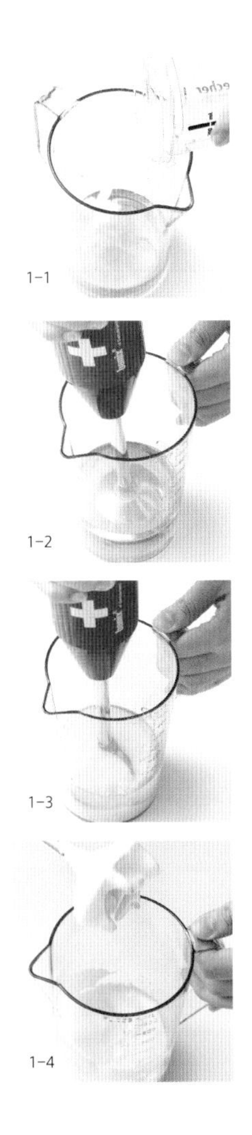
1-1
1-2
1-3
1-4

酱美味 Tips

这里用调理棒制作，因力道和速度一致，很容易成功。若需要较多的美乃滋，直接加倍用料即可。

海胆美乃滋酱

材料：〔每份 2 大匙 ×13〕

原味美乃滋 300 克｜海胆酱 3 大匙｜ 起司粉50克

做法：

1 将美乃滋放入搅拌盆中，加入海胆酱拌匀，再加入起司粉拌匀，放入冰箱冷藏保存。

海胆美乃滋酱

冷藏20天｜不可冷冻

赏味期

塔塔酱

塔塔酱

材料：〔每份 2 大匙 ×17〕

A 原味美乃滋 400 克｜洋葱 50 克
酸黄瓜 30 克｜水煮蛋 1 颗

B 柠檬汁 1 大匙｜辣椒水 1/4 小匙
干燥欧芹 1/4 小匙

英文名称是Tabasco，是美式的辣味酱料，有特殊的酸味和辣味。

做法：

1 将酸黄瓜、洋葱切碎后，再以厨房纸巾吸去多余水分；水煮蛋切碎。

2 将美乃滋放入搅拌盆中，加入酸黄瓜碎、洋葱碎、水煮蛋碎。

3 再依序加入所有材料B，拌匀，放入冰箱冷藏保存。

梅干美乃滋酱

材料：〔每份2大匙 ×16〕

原味美乃滋400克｜梅子肉50克

梅子粉3大匙

做法：

1 先将梅子肉切碎备用。

2 将美乃滋放入搅拌盆中，加入梅子肉碎、梅子粉拌均匀后，放入冰箱冷藏保存。

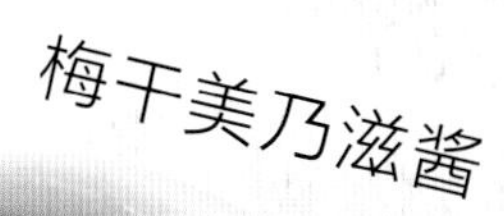

鲔鱼沙拉酱

材料：〔每份2大匙 ×12〕

A 原味美乃滋200克

水煮鲔鱼罐头150克

洋葱50克

B 干燥欧芹1/4小匙

黑胡椒1/4小匙

做法：

1 水煮鲔鱼切碎后，挤掉多余水分。

2 洋葱切碎，再以厨房纸巾吸掉多余水分。

3 将美乃滋放入搅拌盆中，加入鲔鱼碎、洋葱碎、欧芹及磨入黑胡椒，拌匀，放入冰箱冷藏保存。

奶酥酱

说说奶酥酱

奶酥酱带有浓浓的奶味，很受大众的喜爱，也是做点心必学的酱，可做好当家里的常备抹酱。它是以奶粉为主料，再加入糖粉及奶油做成，建议奶粉选用全脂奶粉，做出来的奶酥酱味道较香浓。

其他口味奶酥酱可依个人喜爱做调整，书中的奶酥酱多半以2～3种材料做出复合口 味 ，让读者吃到更丰富的口感层次。

自己做奶酥酱的最大好处，除了知道材料的来源外，还可以挑选品质较佳的原物料，让做出来的奶酥酱更美味。

抹酱运用

奶酥酱涂抹在面包、吐司上后，再进烤箱烘烤至金黄色会更加酥香，也可当成面包馅料以及甜薄饼的抹酱、可丽饼的抹酱。

做酱小叮咛

材料中的稀奶油加或不加均可，可视个人喜好。糖粉、稀奶油、奶粉最好一次拌一种，较容易拌得均匀。

44 奶酥酱

材料：〔每份 2 大匙 ×18〕

黄油 220 克 | 糖粉 100 克 | 稀奶油 3 大匙 | 全脂奶粉 180 克

做法：

1 黄油放室温至软化。

2 将软化的黄油放入搅拌盆中，加入糖粉，以打蛋器拌匀。

2-1

2-2

3 加入稀奶油用打蛋器拌匀，再加入奶粉拌匀，即可。

3-1

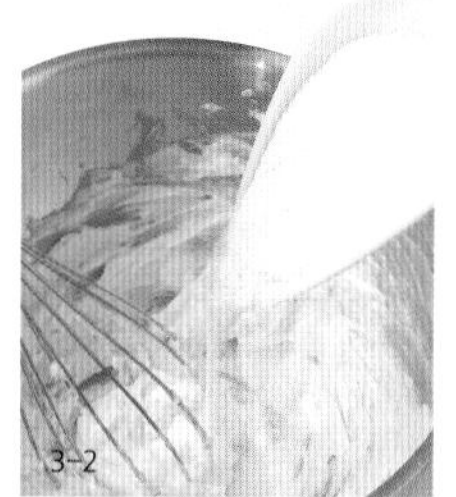
3-2

3-3

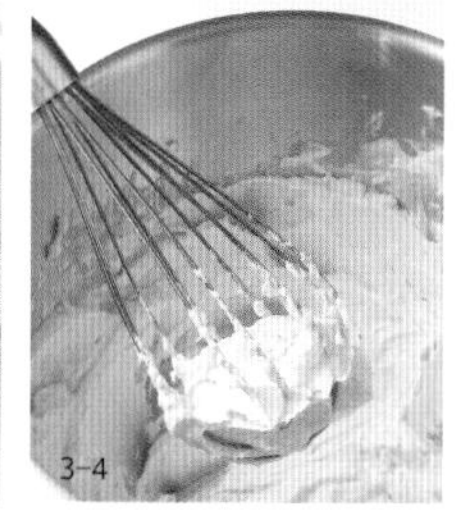
3-4

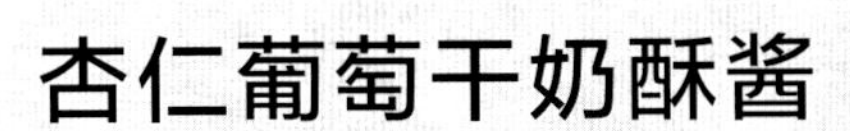

45

杏仁葡萄干奶酥酱

材料：〔每份 2 大匙 ×10〕

奶酥酱 180 克 | 杏仁粉 50克

葡萄干 60 克

做法：

1 将奶酥酱放入搅拌盆中，加入杏仁粉、葡萄干，用橡皮刮刀拌匀即可。

46

可可椰子奶酥酱

材料：〔每份 2 大匙 ×10〕

奶酥酱 180 克 | 可可粉 50 克

椰子丝 50 克 | 椰奶 3 大匙

做法：

1 将奶酥酱放入搅拌盆中，加入可可粉、椰子丝、椰奶，用橡皮刮刀拌匀即可。

47

伯爵奶酥酱

材料：〔每份 2 大匙 ×7〕

奶酥酱 220 克 | 伯爵茶粉 1 大匙

做法：

1 将奶酥酱放入搅拌盆中，加入伯爵茶粉，用橡皮刮刀拌匀即可。

伯爵茶粉会因品牌而香气不同，可视个人喜好作调整。可到烘焙材料行购买。

48

酒渍双莓奶酥酱

材料：〔每份 2 大匙 ×10〕

奶酥酱 180 克｜蔓越莓干 50 克

朗姆酒 3 大匙｜蓝莓干 50 克

做法：

1 蔓越莓干加入朗姆酒浸泡2天备用。

2 将奶酥酱放入搅拌盆中，加入酒渍蔓越莓干、蓝莓干，用橡皮刮刀拌匀。

49

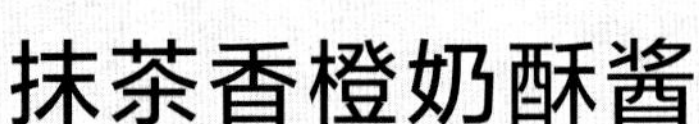

抹茶香橙奶酥酱

材料：〔每份 2 大匙 ×10〕

奶酥酱 180 克｜抹茶粉 3 大匙

蜜橙皮 50 克（做法见第 31 页）

做法：

1 将奶酥酱放入搅拌盆中，加入抹茶粉用橡皮刮刀拌匀，再加入蜜橙皮拌匀即可。

说说焦糖酱

焦糖酱是近年来很流行的酱料，加入不同元素的材料可做衍生变化。最简单的变换方式，是把细砂糖换成黑糖，或是加入海盐，做出带咸味的焦糖酱；当然也可加入坚果、咖啡或不同茶品，做成各式风味的焦糖酱。近期热卖的韩国抹茶牛奶酱，就是它的变化款之一。

焦糖酱的材料很简单，主要是细砂糖、稀奶油，都很容易取得。

抹酱运用

制作好的焦糖酱可以搭配饼干或是松饼、圣代、香蕉船、蜜糖吐司等，或是加入咖啡中或饼干等材料中调味。若是抹酱煮稀一点变成淋酱，可淋在水果、冰品、饮品或是炸银丝卷上。

做酱小叮咛

· 熬煮过程不能搅拌

煮焦糖时务必注意安全，糖的温度非常高，通常皮肤只要被沾黏到手或喷到，就是起水泡。煮的过程不能搅拌，因会拌入空气，容易造成糖结晶现象，所以要等到糖熔化，才能以摇锅方式混合均匀。

· 用滚水洗沾到焦糖酱的锅子

煮焦糖的锅子若沾到焦糖酱，可将锅子加水煮沸，焦糖酱就会自己溶解。

· 焦糖酱放室温可回软

焦糖酱冷藏会变硬，若要恢复原来的口感，放在室温下回温即可。

50 焦糖酱

材料：〔每份 2 大匙 × 12〕

细砂糖1又1/2杯｜盐1/4小匙｜黄油60克｜稀奶油1/2杯

做法：

1 将细砂糖放入锅中，以小火煮至熔化、变焦糖色，再加入盐、黄油拌匀。

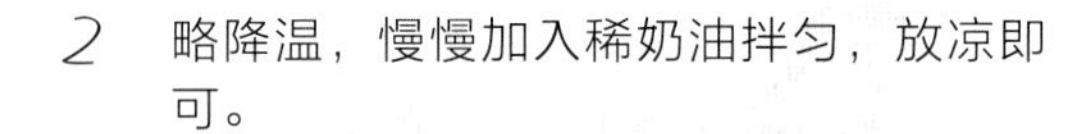

2 略降温，慢慢加入稀奶油拌匀，放凉即可。

1-1

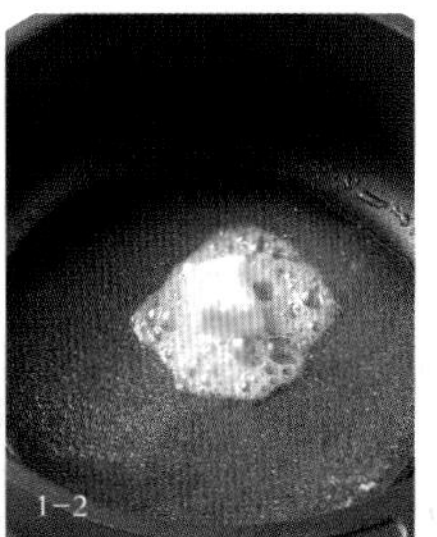
1-2

2-1

2-2

⊙ 在焦糖酱中加入少许盐，可避免焦糖过于甜腻。

⊙ 做法 2 要等降温再加入稀奶油，但不可等太久，否则焦糖会硬掉。

51

焦糖核桃酱

材料：〔每份 2 大匙 ×15〕

A 核桃 100 克

B 细砂糖 1 又 1/2 杯｜盐 1/4 小匙

黄油 60 克｜稀奶油 1/2 杯

做法：

1 核桃放入预热170℃的烤箱中，烤约8分钟至熟，再以刀背略拍碎。

2 将细砂糖放入锅中，以小火煮至熔化、变焦糖色，再加入盐、黄油拌匀。

3 慢慢加入稀奶油、核桃碎拌匀，放凉即可。

核桃的碎度可依个人喜好的口感决定，也可用调理棒或是打碎机协助。

52

抹茶牛奶酱

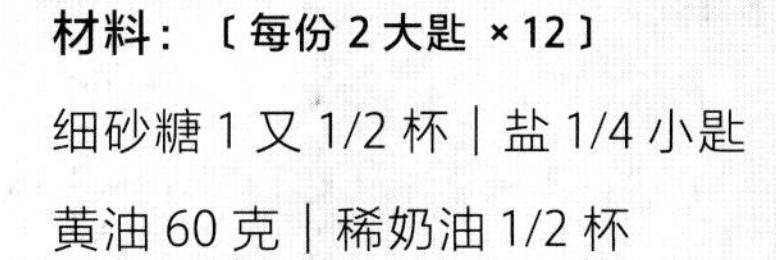

材料：〔每份 2 大匙 ×12〕

细砂糖 1 又 1/2 杯｜盐 1/4 小匙

黄油 60 克｜稀奶油 1/2 杯

抹茶粉 3 大匙

做法：

1 将细砂糖放入锅中，以小火煮至熔化、变焦糖色，再加入盐、黄油拌匀。

2 慢慢加入稀奶油、抹茶粉拌匀，放凉即可。

稀奶油的香气和纯度都比牛奶高，这里选用稀奶油制作，做出来的抹茶牛奶酱的奶味会更浓郁。

焦糖花豆酱
室温5天
冷藏12天
冷冻45天
赏味期
室温5天
冷藏12天
赏味期
焦糖红豆酱

53 焦糖花豆酱

材料：〔每份 2 大匙 ×10〕

A 花豆 250 克

B 细砂糖 1 杯｜黄油3 大匙

稀奶油 1/4 杯

做法：

1 花豆加入600ml水，放入压力锅中，盖上锅盖，开中小火煮至压力阀上升，计时50分钟，熄火。

2 待压力阀下降后，开盖，滤除多余水分，再以调理棒打成碎状。

3 将细砂糖放入锅中，以小火煮至糖熔化、变焦糖色，再加入黄油、稀奶油拌匀，再加入做法2的花豆碎拌匀，放凉即可。

花豆比较难煮，若没有压力锅，可以前一天 先泡水，再加入 2000ml 水，以中小火熬煮 2 小 时，要注意禁止大火沸腾，以免导致豆破不成形。也可用电锅来隔水煮，内锅加 600ml 水，外锅一次 加 2 杯水，待外锅水沸腾、开关跳起后外锅再 加水，直到煮至 2 小时即可。

54 焦糖红豆酱

材料：〔每份 2 大匙 ×10〕

A 红豆 200 克

B 细砂糖 2 杯｜盐 1/4 小匙

黄油 60 克｜稀奶油 1/2 杯

做法：

1 红豆加入3杯水，放入压力锅中，盖上锅盖，开中小火煮至压力阀上升，计时12分钟，熄火。

2 待压力阀下降后，开盖，滤除红豆多余水分，倒出备用。

3 将细砂糖放入锅中，以小火煮至糖熔化、变焦糖色，再加入盐、黄油 拌匀。

4 慢慢加入稀奶油、做法2的熟红豆拌匀，放凉即可。

若没有压力锅，也可以用电锅来煮。可以先在前一天将红豆泡水，而后进行隔水煮：电锅内锅加 3 杯水，外锅一次加 2 杯水，待外锅水沸腾、开关跳起后，外锅再加 1 杯水煮至水再沸腾，即可。

55

红茶牛奶酱

材料：〔每份2大匙 ×12〕

A 牛奶 1/2 杯 | 阿萨姆红茶叶 3 大匙

B 细砂糖 1 杯 | 稀奶油 1/2 杯

黄油3大匙

做法：

1 将牛奶放入锅中，加入红茶叶，以中火煮至微滚约85℃，熄火浸泡8分钟，过滤，即为奶茶。

2 将细砂糖放入另一锅中，以小火煮至糖熔化、变焦糖色，加入做法1奶茶，熬煮5分钟。

3 再加入稀奶油、黄油拌匀，续煮2分钟，待凉，放入冰箱冷藏保存。

这里把红茶叶和牛奶一起煮，煮出来的茶香气会较浓郁。

56

香草拿铁酱

材料：〔每份2大匙 ×12〕

A 香草荚 1 条 | 牛奶 1/2 杯

细砂糖 1 杯

B 咖啡粉 3 大匙 | 稀奶油 1/2 杯

黄油3大匙

做法：

1 香草荚用刀纵切开，再以刀尖刮下香草籽。

2 将牛奶放入锅中，加入香草籽，以小火煮开，熄火浸泡3分钟，过滤。

3 将细砂糖放入另一锅中，以小火煮至糖熔化、变焦糖色，加入做法2牛奶液，续煮5分钟。

4 再加入材料B拌匀，续煮2分钟，待凉，放入冰箱冷藏保存。

香草拿铁酱

红茶牛奶酱

57 蝶豆花奶香糖浆

材料：〔每份 2 大匙 ×8〕

干燥蝶豆花 25 克

细砂糖 1 杯

稀奶油 1/2 杯

东南亚的一种充满蓝色花青素的花朵，可以运用蓝色汁液来做天然的色素。

做法：

1 锅中加入蝶豆花、1 杯水，以中火煮至沸腾，熄火浸泡5分钟，滤除花朵。

2 将细砂糖放入锅中，以小火煮至糖熔化、变焦糖色，加做法 1 的蝶豆花水，续煮3分钟。

3 慢慢加入稀奶油，拌匀，待凉，放入冰箱冷藏保存。

⊙蝶豆花主要是用来调色，分量可自行增减。

⊙这道抹酱可用来沾淋面包、泡饮品，泡的比例为与水以 1 ∶ 5 或 1 ∶ 6调配，还可以加一些柠檬汁，注意加柠檬汁，饮料的颜色会变。

巧克力酱

说说巧克力酱

巧克力酱也是受人喜爱的经典抹酱口味之一，很容易跟其他材料搭配，像是水果、坚果类，做成不同风味的巧克力抹酱。

抹酱用的巧克力，可选烘焙巧克力砖或是巧克力豆制作；市售零食巧克力有的会加牛奶、辣椒等，也可以熔化后做变化。

这次书中有教读者用白巧克力当基底做抹酱，白巧克力的外貌及熔化方式都跟巧克力一样，但它是用可可脂再添加牛奶和糖做成，实际上并不含可可的成分。

抹酱运用

制作好的巧克力抹酱还能当内馅，也可夹饼干、装饰甜品或做淋酱。

做酱小叮咛

熔化巧克力的过程，不可过度搅拌及碰到水，所以使用的容器务必要干净、无水，并须采取隔水加热方式，温度不能超过50℃，过高会使得巧克力变脆、失去光泽，也要防止加热过久，这些都会导致巧克力油脂分离。

若是使用巧克力砖，可以先切碎状再进行加热；少量则可用微波熔化。

58 巧克力酱

材料：〔每份 2 大匙 × 10〕

黄油 3 大匙｜稀奶油 1/4 杯｜蛋黄 2 颗｜细砂糖 1 大匙

巧克力块 250 克｜朗姆酒 2 大匙

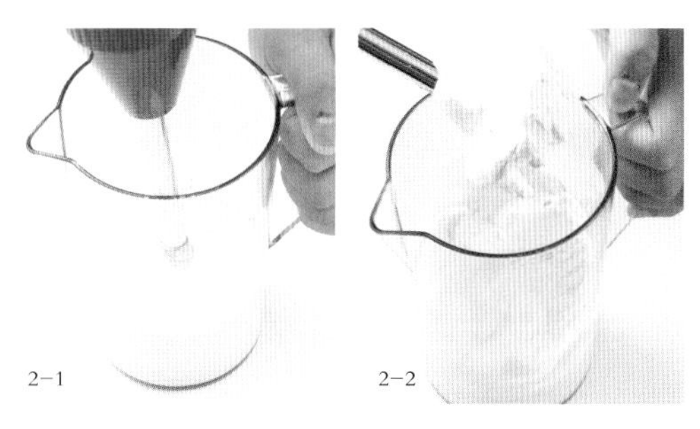

2-1 2-2

做法：

1 黄油放室温至软化。

2 稀奶油用调理棒打发。

3 蛋黄加入细砂糖，用打蛋器拌至均匀。

4-1

4-2

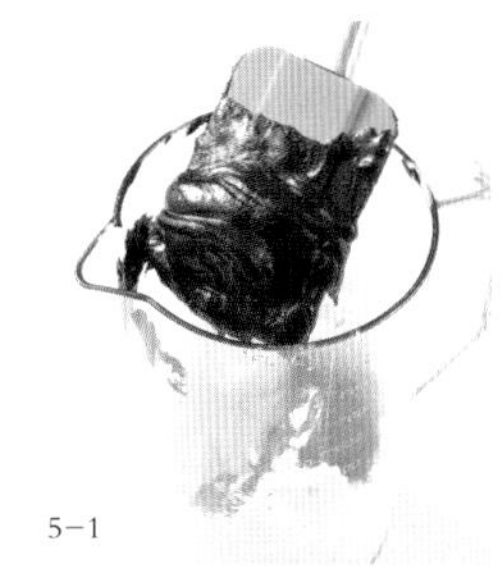

5-1

5-2

4 巧克力块切碎，放入搅拌盆中，用小火以隔水加热方式熔化。

5 取一半熔化的巧克力加入做法2的打发稀奶油中拌匀。

6-1

6-2

6-3

6-4

6 剩下巧克力加入软化黄油，用橡皮刮刀拌至黄油完全熔化，加入做法3的蛋黄液、朗姆酒拌匀，再加入做法5拌匀，待凉，放入冰箱冷藏保存。

冷藏15天｜不可冷冻
赏味期

榛果巧克力酱

巧克力花生酱

巧克力香蕉酱

榛果巧克力酱

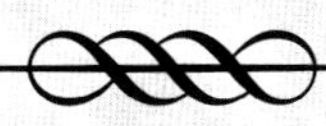

材料：〔每份2大匙 ×10〕

香蕉 80 克｜细砂糖 3 大匙｜黄油3 大匙

巧克力酱 150 克

做法：

1 香蕉去皮，切片后放入锅中，加入细砂糖、黄油，以小火熬煮8分钟，取出待凉。

2 将冷却的香蕉泥加入巧克力酱拌匀，放入冰箱冷藏保存。

材料：〔每份2大匙 ×10〕

A 榛果 100 克｜冷压初榨橄榄油 3 大匙

B 巧克力酱 150 克｜糖粉 1 大匙

可可粉 3 大匙

做法：

1 榛果放入预热170℃烤箱中，烤8分钟至熟，待凉，加入冷压初榨橄榄油，以调理棒打成碎状。

2 再加入巧克力酱、糖粉及可可粉拌匀，放入冰箱冷藏保存。

巧克力花生酱

材料：〔每份2大匙 ×10〕

巧克力酱 150 克｜颗粒花生酱 150 克

做法：

1 巧克力酱放入搅拌盆中，加入颗粒花生酱拌匀，放入冰箱冷藏保存。

花生酱可用市售花生酱或是第115 页的花生酱皆可。

62 蜜香白巧克力夏威夷果酱

材料：〔每份2大匙×15〕

夏威夷果120克

稀奶油1/4杯

白巧克力豆200克

奶粉3大匙、蜂蜜3大匙

若喜欢有口感的抹酱，可取一些夏威夷果用刀背拍成碎状，再加入混合。

做法：

1. 将夏威夷果放入预热170℃烤箱中，烤8分钟至熟，待凉，再以调理棒打成泥状。
2. 稀奶油用调理棒打发。
3. 白巧克力放入搅拌盆中，用小火以隔水加热方式熔化。
4. 熔化的白巧克力中加入夏威夷果泥、打发稀奶油，拌匀后，加入奶粉及蜂蜜再次拌匀即可。

抹茶柠檬白巧克力酱

材料：〔每份2大匙 ×12〕

稀奶油1/4杯｜抹茶粉3大匙

白巧克力豆250克

柠檬汁 2 大匙｜君度橙酒 1 大匙

君度橙酒

白柑橘橙酒的一种，
带浓厚的果香味。

做法：

1 稀奶油用调理棒打发，加入抹茶粉拌匀备用。

2 白巧克力放入搅拌盆中，用小火以隔水加热方式熔化。

3 熔化的白巧克力中加入打发稀奶油，拌匀后，加入柠檬汁、君度橙酒拌匀，待凉，放入冰箱冷藏保存。

蛋黄酱

说说蛋黄酱

这道蛋黄酱是由日本的料理手法衍生出来，是把蛋黄加入白醋、糖，采用隔水加热至稠状，以方便涂抹。因为全部是使用蛋黄来当基底，所以选择的蛋黄务必新鲜及品质好。另外，加白醋除了可以有酸味外，另一个目的是可拉长蛋黄酱保存期限，及避免细菌滋生。

这道酱由于基底是酸甜味，所以比较适合做成甜味的抹酱。口味设计上，可以利用黄色的自制浓缩果汁做变化，像是芒果、柳橙、菠萝、金橘、百香果均可。这是因为蛋黄是黄色的，为了避免影响原本的色质，建议搭配黄色的水果来延伸。

抹酱运用

除了运用在搭配面包与饼干上，还可以当水煮青菜沾酱食用，以及生菜沙拉的酱汁，或是焗烤酱汁等。

做酱小叮咛

· 隔水加热时间勿过久

蛋黄70℃开始凝固，隔水加热时间勿过久，以免蛋黄过度熟化，影响软硬度。蛋黄隔水加热已有杀菌效果，若担心，可抹在面包上烤过再食用。

· 蛋黄酱只能冷藏保存

蛋黄酱使用的蛋黄没有加热至全熟，其成分以油脂居多，又加了其他材料，若冷冻会油水分离，影响口感。

64 蛋黄酱

材料：〔每份2大匙 ×14〕

蛋黄10颗｜糖粉65克 ｜白酒醋80ml

做法：

1 将蛋黄放入搅拌盆中，加入糖粉，用打蛋器拌匀。

2 再加入白酒醋混合拌匀。

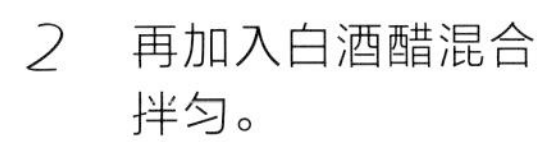

1

2-1

2-2

3 移至炉火上，用中小火采隔水加热，边煮边搅拌，直至酱汁变浓稠状，待凉，放入冰箱冷藏保存。

3-1

3-2

柠檬蜂蜜蛋黄酱
芒果蛋黄酱
冷藏20天 / 不可冷冻
赏味期
百香果蛋黄酱

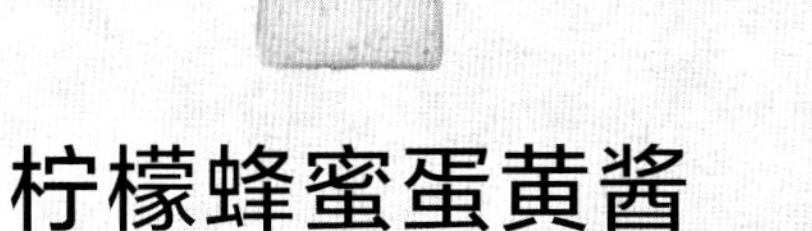

柠檬蜂蜜蛋黄酱

芒果蛋黄酱

材料：〔每份2大匙 ×13〕

柠檬2颗｜蛋黄酱300克｜蜂蜜3大匙

做法：

1 柠檬洗净后刨下柠檬皮屑，柠檬切半后榨成汁。

2 将蛋黄酱放入搅拌盆中，加入柠檬皮碎、柠檬汁、蜂蜜，用橡皮刮刀拌匀，放入冰箱冷藏保存。

蛋黄酱若是从冰箱取出的，退冰后即可使用。

材料：〔每份2大匙 ×13〕

蛋黄酱300克｜芒果果泥100克

做法：

1 将蛋黄酱放入搅拌盆中，再加入芒果果泥，用橡皮刮刀拌匀，放入冰箱冷藏保存。

芒果果泥是用新鲜芒果打泥。

67

百香果蛋黄酱

材料：〔每份2大匙 ×7〕

A 百香果肉100克

细砂糖30克

B 蛋黄酱120克｜黄油50克

做法：

1 黄油放室温至软化。

2 将百香果肉放入锅中，加入细砂糖，以小火煮约6分钟，边煮边搅拌，煮至呈现浓稠状，熄火待凉，即为百香果浓缩汁。

3 将蛋黄酱放入搅拌盆中，加入软化黄油、百香果浓缩汁，以调理棒拌匀，放入冰箱冷藏保存。

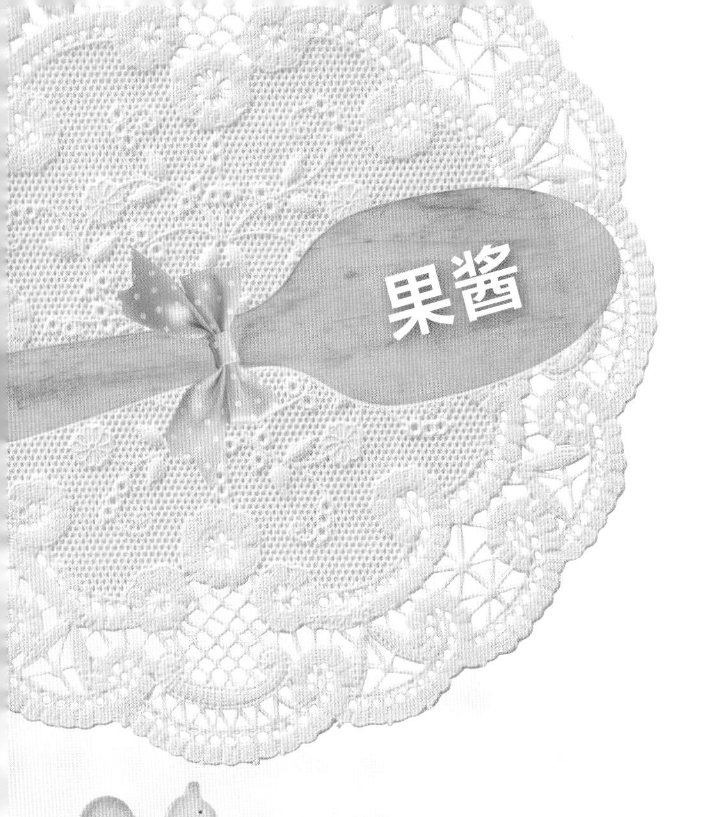

丨说说果酱丨

水果煮过后会变成稠状的果酱，这是由于水果的果实与汁液中均含有天然胶质与果酸。水果成熟后经由与细砂糖、冰糖或麦芽糖等甜味材料搭配，加热浓缩后，可使其溶于水中，令果胶、糖与酸适当地结合，达到一定比例而形成胶冻状，自然冷却后即凝结为果酱。

要如何做出一瓶好吃又完美的果酱呢？先从最重要的水果说起。

主食材❶：水果

要点1.选择水果

制作果酱的水果以新鲜、熟度适当且当季盛产的最适合，不仅价格便宜，同时风味与品质都是最佳状态；熟度适当的新鲜水果所含的果胶量较多，制成果酱会较甜美可口，具有最迷人的香气。若水果过熟，果胶会变成果胶酸，凝结力会变低；反之若熟度不够，也可以制作，但色香味会较差。

要点2.让果胶释放

果胶多的水果烹煮时可以添加柠檬汁，利于果胶释放。至于高水分的水果，可以先切好丝或碎、丁，放入压力锅中煮出果汁，再将剩下的果粒加入糖等熬煮成果酱；这样一来可以节省很多熬煮时间，再来可以保留住水果的颜色，如桑椹，用压力锅先煮出果汁，因是高压，花青素的颜色通常会保留很完整，不会因为过度烹调加热而失去。书中的桑椹果酱就有示范，菠萝果酱也可用这样的方法。

要点3.复合果酱搭配

要做2～3种水果搭配的果酱，香气务必是同类型的，才不会让一方深厚的味道压过另一方的清香味。原则上建议味道清香配清香，浓郁配浓郁，书中的菠萝百香果酱就是味道较浓郁的2种水果作搭配。

主食材❷：糖

“糖”是使水果变成果酱的重要媒介，糖加得越多果酱的保存期限也就会越长，但甜度太高的果酱并不好吃，所以还是须依照水果本身的甜度斟酌增减糖量，果酸多的糖要多加一点，反之则减量。

糖类的选择上，使用细砂糖是最方便的，而红糖(二级砂糖)或黑糖带有特殊风味，且会影响果酱成品色泽，较不建议使用。果糖在长时间的加热过程中易使水果变暗褐色，且价格较高，也比较不适宜。使用甜度较低的麦芽糖，须注意麦芽糖较黏稠，因此成品也会较稠，所以熬煮时不要煮到太浓稠，以免冷却后过硬。

抹酱运用

除了当抹酱外，也可以当甜点的内馅或是松饼、蛋糕的夹层，甚至可以和水稀释或加入苏打水中做成不同风味的饮品。

做酱小叮咛

· 制作过程不加生水

果酱烹煮过程绝对不加生水，因为生水除会导致果酱快速腐败外，还会使得果酱 味道变淡。再来熬煮时务必将果胶煮出而 产生浓稠状，有些水果果胶含量较少，可 添加麦芽糖来增加果酱的稠度。

· 使用干净容器舀取果酱

取用时，须用干燥无水分的干净汤匙舀取，以免因水分或细菌使果酱发霉。

· 增加糖分和收干以延长保存时间

书中的果酱因为添加的糖不多，所以冷藏的保存时间都是30天，若想要延长保存期，可以增加糖量。煮果酱时可再收干，以减少水分含量，也能延长保存时间。

68 菠萝果酱

材料：〔每份2大匙 ×10〕

菠萝 400 克｜麦芽糖 50 克｜细砂糖 50 克

做法：

1　菠萝去除头部及外皮后，切块，再以调理棒打成泥状。

2　菠萝泥放入锅中，加入麦芽糖、细砂糖，用小火熬煮25分钟，边煮边搅拌，煮至收汁并呈浓稠状，熄火待凉即可。

1-1　1-2

2-1

2-2

2-3

⊙菠萝因果胶含量不多，做果酱时要加麦芽糖以增加稠度。

⊙若不会削菠萝，可用削菠萝器直接去皮及切块。

冷藏30天 | 冷冻120天
赏味期

芒果桔子酱

草莓果酱

69

芒果桔子酱

材料：〔每份2大匙 ×10〕

芒果300克｜金桔120克

细砂糖120克

做法：

1 金桔榨成汁备用。

2 芒果去皮，切下果肉后，再以调理棒打成碎状。

3 芒果碎放入锅中，加入金桔汁、细砂糖，小火熬煮约20分钟，边煮边搅拌，煮至收汁并呈浓稠状，熄火待凉即可。

⊙这里因为金桔汁是酸的，所以可不用加柠檬汁。

⊙芒果有很多品种，有的芒果甜度高，有的芒果纤维粗酸度较高，可视个人喜好挑选使用，若用较酸的芒果则要增加糖量。

70

草莓果酱

材料：〔每份2大匙 ×10〕

草莓400克｜细砂糖100克

柠檬汁1大匙

做法：

1 草莓洗净后去除蒂头，晾干，放入锅中，加入细砂糖及柠檬汁，用小火熬煮20分钟，边煮边搅拌，煮至略收汁。

2 续以小火续煮5分钟，煮至呈浓稠状，熄火待凉即可。

⊙草莓清洗要先洗净再去除蒂头，避免残留的农药渗透进果肉中。

⊙也可以将糖先加在草莓上，盖上保鲜膜后放到冰箱冷藏一晚，借由糖释出水分，可缩短烹煮时间。

双莓果酱
菠萝百香果酱
冷藏30天
冷冻120天
赏味期

菠萝百香果酱

双莓果酱

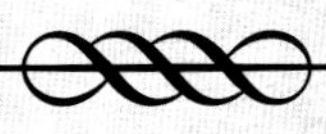

材料：〔每份2大匙 ×12〕

菠萝400克｜百香果150克

麦芽糖50克｜细砂糖100克

做法：

1 菠萝去除头部及外皮后，切成丝状；百香果切开，挖出果肉。

2 将菠萝丝放入锅中，加入百香果肉、麦芽糖及细砂糖，用小火熬煮25分钟，边煮边搅拌，煮至收汁并呈浓稠状，熄火待凉即可。

材料：〔每份2大匙 ×12〕

覆盆子200克｜蓝莓200克

细砂糖150克｜柠檬汁1大匙

做法：

1 覆盆子、蓝莓放入锅中，再放入细砂糖及柠檬汁，以小火熬煮约25分钟，边煮边搅拌，等待果肉变果泥，收汁呈浓稠状，熄火待凉即可。

覆盆子和蓝莓可至大型卖场购买，若买不到可用冷冻的，退冰后再使用。

桑椹果酱

材料：〔每份2大匙 ×10〕

桑椹400克

细砂糖100克

桑椹可挑选颜色较紫黑的，熟度够，降低青涩味。

做法：

1. 桑椹洗净后滤干水分。
2. 将桑椹及细砂糖放入压力锅中，盖上锅盖，开中小火煮至压力阀上升，计时3分钟，熄火。
3. 待压力阀下降，开盖，倒出桑椹汁。
4. 取出做法3的桑椹果粒，用调理棒打成泥后，再以小火煮约6分钟，煮至变稠即可。

74

冰糖梨子桂花酱

材料：〔每份2大匙 ×10〕

水梨400克

干燥桂花20克

无籽红枣50克

冰糖100克

柠檬汁1大匙

做法：

1 水梨去皮及籽，切成丁状。

2 将梨子放入压力锅中，加入桂花、无籽红枣、冰糖及柠檬汁，盖上锅盖，开中小火煮至压力阀上升，计时7分钟，熄火。

3 待压力阀下降后，开盖，用调理棒打泥，再以小火熬煮约5分钟，煮至变稠即可。

除了使用压力锅外，也可用一般锅子。煮法为把水梨丁、红枣及3杯水放入锅中，用中小火煮30分钟，加入冰糖、柠檬汁熬煮3分钟，熄火，以调理棒打成泥状，续加入桂花，转小火熬煮2分钟至稠状即可。

果酱这样做存放更久

自己做的果酱没有添加防腐剂，
可借由下面的方法，让手工果酱的美味存放更久。

{步骤1}消毒瓶罐

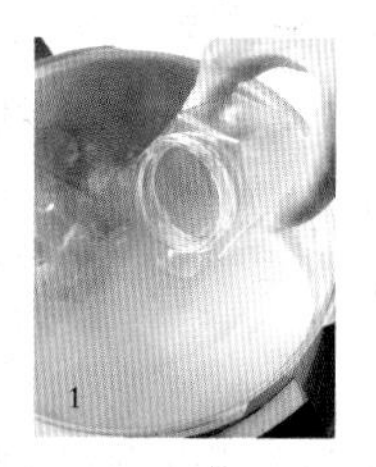
1

做好的果酱装瓶时务必选用玻璃瓶，将瓶身、瓶盖用清水洗净后放入锅中，倒入盖过瓶子的水，煮滚，用沸腾的热水持续煮3～5分钟杀菌，夹起瓶子、瓶盖晾干。

✧要点✧

要注意手避免碰到瓶口中或是瓶口处，以免污染瓶子。

{步骤2}果酱杀菌

将煮好的果酱装入杀菌的瓶中，填至八九分满，盖上瓶盖。再将装好的果酱放入煮沸的蒸笼锅中，以中小火蒸煮8～10分钟后，取出杀完菌的果酱。

2-1

2-2

✧要点✧

果酱是一煮好就装入瓶中的，可戴上手套以免烫伤。

{步骤3}倒放果酱瓶

3

杀菌过的果酱瓶，瓶盖会呈现凸起状态，可将蒸煮好的果酱倒放，直到果酱冷却。这样可让果酱填满瓶身与瓶盖空隙，挤出多余空气，让瓶子维持真空状态，可避免瓶子里有空气进行酸化，加速果酱坏掉的时间。

若是要自己食用，冷却后的果酱可放冰箱冷藏或是冷冻保存；若要送礼或贩卖可照以下步骤制作。

{步骤4}包装

用搭配果酱颜色的包装纸或是牛皮纸，当作盖子包装，绑上棉绳，打上蝴蝶结，最后贴上明显代表自己特色的标志，就是一个礼品或是商品。

4-1

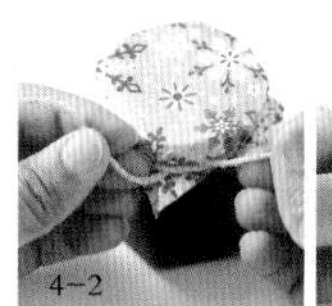
4-2

4-3

4-4

✧要点✧

也可贴上标有制作时间的标签，可清楚知道存放时间。

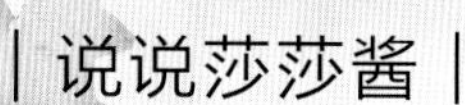

说说莎莎酱

莎莎酱源自于墨西哥，传统的这道酱是用臼和杵做成，为墨西哥菜中常见的必备酱料之一，现在北美地区也很风行。

一般是用西红柿切小丁状 ，搭配洋葱碎、蒜头碎、辣椒碎和柠檬汁做成。常用在搭配玉米片，酸酸辣辣的，所以也被当作开胃菜的淋酱或是沾酱，或是搭配炸物的淋酱，降低炸物的油腻感，也可以把主材料中的西红柿换成木瓜、芒果等，做成变化款的莎莎酱。

在墨西哥也有以牛油果为基底的牛油果莎莎酱(guacamole)，是非常经典好吃的酱，本书中也有介绍，喜欢的读者千万别错过。

抹酱运用

除了当开胃菜佐酱外，还可以搭配冷食意大利面或作为西式冷食凉拌菜的酱汁，还可当配料包入墨西哥卷饼中，都非常爽口又美味。

做酱小叮咛

制作时，西红柿必须去除表皮才不会影响口感。若有添加香菜梗，而酱又不会在近期内用完，那么香菜梗可以在食用时再加，这样可以保持香菜的颜色和香气。

75 泰式莎莎酱

材料：〔每份2大匙×10〕

A 西红柿100克｜蒜头25克
红葱头20克｜新鲜南姜25克
新鲜香茅25克｜辣椒10克
新鲜柠檬叶10克

B 泰式酸辣酱2大匙｜柠檬汁3大匙
细砂糖2大匙｜鱼露2大匙

做法：

1 西红柿表面划上十字刀纹，放入滚水中，用中小火煮2分钟，取出，去除外皮后切碎。

2 蒜头、红葱头剥去外皮，和南姜、香茅、柠檬叶、辣椒用调理棒打成碎状。

3 再依序加入材料B拌匀即可。

76 西红柿莎莎酱

材料：〔每份2大匙×10〕

A 西红柿120克｜洋葱50克
蒜头20克｜香菜梗5克
辣椒5克

B 柠檬汁3大匙｜辣椒水1/4小匙
细砂糖1大匙
冷压初榨橄榄油3大匙

做法：

1 西红柿表面划上十字刀纹，放入滚水中，用中小火煮2分钟，取出，去除外皮后切丁。

2 洋葱及蒜头去外皮后，和香菜梗均切碎；辣椒切半去籽后切碎备用。

3 将所有切好的材料A放入搅拌盆中，依序加入材料B拌匀，放入冰箱冷藏保存。

77 牛油果莎莎酱

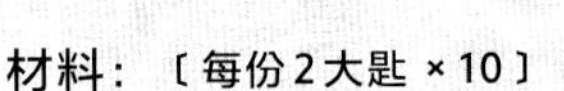

材料：〔每份2大匙×10〕

A 牛油果果肉120克｜洋葱50克
蒜头20克｜辣椒5克

B 柠檬汁3大匙｜细砂糖2大匙
冷压初榨橄榄油3大匙

做法：

1 牛油果果肉切成丁状（取果肉详细步骤图见第39页）。

2 洋葱、蒜头去外皮后切碎；辣椒切半去籽后切碎，备用。

3 将所有切好的材料A放入搅拌盆中，依序加入材料B拌匀，放入冰箱冷藏保存。

泰式莎莎酱

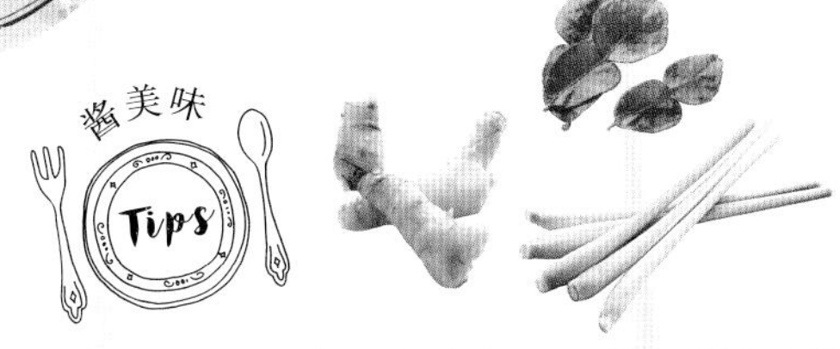

泰式材料及调味料，如南姜、香茅和柠檬叶等，都可在网店买到。

西红柿莎莎酱

冷藏7天 | 不可冷冻
赏味期

牛油果莎莎酱

酱美味
Tips

西红柿莎莎酱和牛油果莎莎酱都可加鱼露，以增加鲜味：西红柿莎莎酱可加1大匙，牛油果莎莎酱可加2大匙。

油醋酱

说说油醋酱

油醋酱是意式料理中的常用酱，基底酱汁调配的黄金比例是，油和醋3：1，也有人是用2：1，可以依照个人喜好的口味做调整。

基底油酱可做多种延伸变化，比如搭配蒜味、洋葱、香料等材料，让调出的油醋酱多了蒜香、洋葱的味道，甚至连主要材料的油和醋都做替换，或是选用香料、香草或大蒜做成香料油、蒜油。

醋除了选用陈年醋、巴萨米克醋、红酒醋、白酒醋外，亦可添加柠檬及柳橙增加水果风味变化。

抹酱运用

典型传统的油醋酱无论是沾面包或是当生菜沙拉佐酱，用在炸类食物或搭配温沙拉都不错。

做酱小叮咛

因为是生食，建议要选用品质好的油品，以橄榄油来说，要使用冷压初榨橄榄油(即所谓的Extra Virgin Olive Oil)，还可以选择从南瓜籽提炼出来的南瓜籽油，其含有丰富不饱和脂肪酸和维生素E。醋的部分可选质量较佳的醋。

78 巴萨米克油醋酱

材料：〔每份2大匙 ×10〕

A 洋葱 80 克 | 蒜头 30 克

B 冷压初榨橄榄油 120 克

盐 1/4 小匙 | 细砂糖 2 大匙

巴萨米克醋 40 克

黑胡椒 1/4 小匙

巴萨米克醋

巴萨米克醋Balsamico，
是用葡萄酿造成的有年份的醋，
风味微酸微甜、带有葡萄香，
是意大利最具代表性的醋。

做法：

1 洋葱、蒜头去外皮后切碎。

2 将冷压初榨橄榄油倒入搅拌盆中，加入盐、细砂糖、巴萨米克醋，拌匀。

3 再加入蒜碎、洋葱碎，磨入黑胡椒拌匀即可。

照片中是油醋喷雾罐，可把橄榄油和醋区分开，可以单吃其中一种味道，也可以吃到合在一起的味道，瓶子上面有百分比，可视个人喜好调整油醋的比例。

迷迭香橄榄油
室温6个月 | 冷藏1年 | 冷冻1年
赏味期
冷藏30天 | 不可冷冻
赏味期
油封香料起司酱

油封香料起司酱

材料：〔每份2大匙 ×12〕

A 贝尔佩斯起司220克

B 蒜头40克｜干燥迷迭香1大匙

彩色胡椒1大匙

南瓜籽油100克

是用冷压生产制造，
含有丰富的营养成分，
而且油散发出浓郁的坚果香味。

做法：

1 蒜头去外皮后切碎，放入消毒过的干玻璃罐中，加入迷迭香、彩色胡椒及南瓜籽油，放冰箱冷藏浸泡7天。

2 贝尔佩斯起司切成小丁状。

3 将做好的南瓜籽香料油中加入贝尔佩斯起司丁，冷藏浸泡3天即可。

贝尔佩斯起司(BELPAESE)质地软、味道温和，适合搭面包吃，可在进口超市买到。
如果替换，建议用马斯卡彭起司。

迷迭香橄榄油

材料：〔每份2大匙 ×18〕

冷压初榨橄榄油500克

干燥迷迭香40克

做法：

1 冷压初榨橄榄油倒入消毒过的干净玻璃罐中，加入迷迭香浸泡，放置阴凉处浸泡7天即可。

泡入橄榄油中的迷迭香要用干燥的，以延长保存期限。干燥迷迭香的做法：将新鲜迷迭香洗净后滤除多余水分，倒挂在可晒到阳光的地方，直到晒干。

说说薯泥类

薯泥类包含有地瓜、南瓜、芋头、马铃薯及甜菜根等根茎类。这些蔬菜淀粉质含量丰富，容易涂抹在面包上，很适合做成抹酱。

而这类食材是热的时候口感松绵，但冷了会变干，所以需要加一些油脂，增加滑顺度，加热后可恢复松绵质地，是新兴的健康风的抹酱。

薯泥酱

设计这类抹酱，主要根据食材本身的特性做口味上的变化，像是带有甜味的地瓜、南瓜，只要加些糖、炼乳，就是甜味的抹酱；而甜度较低的马铃薯、甜菜，只要加些香蒜粉、胡椒、盐等材料，就可做成咸味抹酱。

抹酱运用

薯泥类的抹酱，甜味的可用作面包、中式米食、油酥油皮类糕点馅料；咸味的则可用作包子内馅或是西式料理沾酱。

做酱小叮咛

薯泥类酱保存期限不长，所以不宜大量制作。而且制作时须趁热把根茎类食材压成泥，之后必须待凉再与其他材料进行混合，才不会酸化腐败。

81 奶香地瓜酱

材料：〔每份2大匙 ×10〕

地瓜 200 克｜糖粉 1 大匙｜稀奶油 3 大匙｜黄油 50 克

马斯卡彭起司 3 大匙

做法：

1 黄油放室温至软化。

2 地瓜去皮后，切块，放入锅中，用大火蒸20分钟至熟，趁热用压泥器或汤匙压成泥状，待凉。

2-1

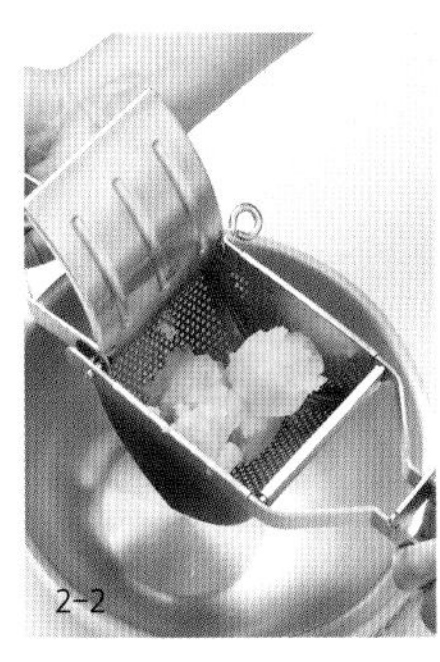
2-2

2-3

3 加入糖粉拌匀，再加入稀奶油、软化奶油及马斯卡彭起司拌匀，放入冰箱冷藏保存。

也可用紫地瓜做，做法一样，只要更换地瓜即可。

82 南瓜起司酱

材料：〔每份2大匙 ×10〕

板栗南瓜200克

糖粉2大匙

奶油起司50克

稀奶油3大匙

做法：

1 板栗南瓜去皮及籽后，切丁，放入锅中，用大蒸8分钟至熟，趁热用压泥器或汤匙压成泥状，待凉。

2 加入糖粉、奶油起司、稀奶油拌匀即可。

酱美味 Tips

做南瓜风味的抹酱要选择板栗南瓜。其甜度高、水分低，而且口感较绵密。

83 炼乳芋泥酱

材料：〔每份2大匙 ×12〕

芋头 200 克

黄油 3 大匙

糖粉 3 大匙

炼奶 3 大匙

稀奶油 3 大匙

做法：

1. 黄油放室温至软化。
2. 芋头去皮后，切丁，放入锅中，用大火蒸18分钟至熟，趁热用压泥器或汤匙压成泥状，待凉。
3. 加入软化黄油、糖粉拌匀，再加入炼奶、稀奶油拌匀，放入冰箱冷藏保存。

冷藏15天 | 不可冷冻
赏味期
甜菜根酱
蛋香马铃薯酱
冷藏7天 | 不可冷冻
赏味期
1 une
2 deux
3 trois
洋葱南瓜酸奶酱

84 甜菜根酱

材料：〔每份2大匙 ×10〕

甜菜根200克｜黄油80克｜香蒜粉1/4小匙

洋葱粉2大匙｜白胡椒粉1/4小匙｜盐少许

甜菜根因比较硬，可用调理棒打成泥较好操作。

做法：

1. 黄油放室温至软化。
2. 甜菜根去皮后，切丁，放入锅中，用大火蒸10分钟至熟，再以调理棒打成泥状，待凉。
3. 依序加入其余的材料拌匀，放入冰箱冷藏保存。

85 蛋香马铃薯酱

材料：〔每份2大匙 ×10〕

A 马铃薯150克｜水煮蛋2颗
洋葱50克

B 黄油3大匙｜稀奶油3大匙
肉桂粉少许

做法：

1. 黄油放室温至软化。
2. 马铃薯去皮后，切丁，放入锅中，用大火蒸20分钟至熟，趁热用压泥器或汤匙压成泥状，待凉。
3. 水煮蛋和洋葱切碎。
4. 将马铃薯泥放入搅拌盆中，加入水煮蛋碎、洋葱碎及所有的材料B，拌匀，放入冰箱冷藏保存。

86 洋葱南瓜酸奶酱

材料：〔每份2大匙 ×8〕

A 板栗南瓜200克

B 洋葱粉1大匙｜稀奶油2大匙
盐1/4小匙｜酸奶油2大匙
干燥欧芹1/4小匙

用乳酸菌发酵普通奶油的产物，味道带点酸味，可在烘焙材料行或进口百货公司超市买到。

做法：

1. 板栗南瓜去皮及籽后，切丁，放入锅中，用大火蒸8分钟至熟，趁热用压泥器或汤匙压成泥状，待凉 。
2. 依序加入所有的材料B拌匀，放入冰箱冷藏保存。

说说芝麻酱

芝麻有分黑芝麻和白芝麻两种，通常黑芝麻酱会做成甜味抹酱，而白芝麻则多做成咸味抹酱，书中针对它们的特性分别设计了一款抹酱。不管是黑芝麻还是白芝麻，都要选用已烤熟或是炒熟的芝麻，市面上很容易买到。

芝麻本身已有相当丰富的油脂，但为了方便涂抹，可以再添加一些高营养价值油脂来作为结合媒介，像是米糠油（也称稻米油，玄米油）、花生油等。

抹酱运用

咸味的芝麻酱，可以添加酱油、醋，变成凉面用酱或是麻酱面用酱等；甜味的芝麻酱除了用于涂抹以外，也可以用于流沙包等中式面食中。

做酱小叮咛

· 选用转速较快的搅拌机

芝麻因为颗粒小，所以选购调理棒时应当选转速较快的搅拌机，打的过程要晃动盒子，让全部芝麻都可以打到，才有办法把芝麻打成粉末状。

87 原味黑芝麻酱

材料：〔每份2大匙 ×12〕

烤熟黑芝麻 250 克 | 米糠油 1/2 杯 | 糖粉 1 大匙 | 盐 1/4 小匙

做法：

1 将烤熟黑芝麻放入盒中，以调理棒打碎。

1-1

1-2

1-3

2 再加入米糠油、糖粉、盐，用橡皮刮刀拌均匀即可。

2-1

2-2

2-3

88 蜂蜜黑芝麻酱

材料：〔每份2大匙 ×8〕

烤熟黑芝麻 200 克｜蜂蜜 3 大匙

做法：

1. 将烤熟黑芝麻放入盒中，以调理棒打成粉状。
2. 再加入蜂蜜，用橡皮刮刀拌匀即可。

室温15天｜冷藏30天｜冷冻180天
赏味期

89 柚香白芝麻酱

材料：〔每份2大匙 ×13〕

烤熟白芝麻 250 克｜米糠油 1/2 杯 柚子粉 1 大匙｜盐 1/4 小匙

做法：

1. 烤熟白芝麻放入盒中，以调理棒打成泥状。
2. 再加入米糠油、柚子粉、盐拌匀即可。

豆泥酱

说说豆泥酱

像是豌豆、鹰嘴豆、花豆、绿豆、红豆等豆类，因有丰富的淀粉质，做成的酱具有黏性，方便涂抹并黏附在面包或饼干上。

因单靠豆类做出来的抹酱口感偏干，所以需加一些油脂润滑，添加油脂可依照食物属性选择。味道的设计上，因为这些豆类甜度不高，加上一般习惯吃咸的，所以这里设计成咸味抹酱。

鹰嘴豆泥酱在中东地区非常风行，通常用来涂在Pita面包（口袋面包），或是搭配沙拉，几乎是餐餐必备的酱料。这里也取其灵感，用相同的食材做出不同风味的抹酱，希望读者会喜欢。

抹酱运用

豆泥酱可搭配面包或作为包子类的馅料，还可以当拌酱拌合后进行焗烤，或是加入鲜奶变成浓稠的西式酱汁，搭配肉类、海鲜料理。

做酱小叮咛

豆类保存较短，制作较多时，尽可能放冷冻室以延长保存期限。使用前需放冷藏室解冻。

冷藏7天 | 冷冻90天
赏味期
冷藏7天 | 冷冻120天
赏味期
豌豆泥酱
鹰嘴豆泥酱
毛豆燕麦酱
冷藏10天 | 不可冷冻
赏味期

豌豆泥酱

材料：〔每份2大匙 ×10〕

A 豌豆仁250克

B 有盐黄油50克｜稀奶油3大匙

香蒜粉1/4小匙｜洋葱粉1大匙

盐1/4小匙

做法：

1 豌豆仁放入锅中，加入5杯水，煮滚后转小火煮10分钟，捞起后沥干，用厨房纸巾擦干。

2 煮熟的豌豆仁以调理棒打成泥状，待凉备用。

3 再依序加入材料B，用橡皮刮刀拌匀即可。

打成泥后要先放凉，再加入调味料，以免水分过多容易腐坏。

鹰嘴豆泥酱

材料：〔每份2大匙 ×10〕

鹰嘴豆

A 鹰嘴豆250克

B 干燥百里香1/4小匙

香蒜粉1/4 小匙｜洋葱粉1大匙

盐1/4小匙｜米糠油1/2杯

做法：

1 鹰嘴豆加入5杯水，放入压力锅中，盖上锅盖，开中小火煮至压力阀上升，转小火计时5分钟，熄火。

2 待压力阀下降后，开盖，取出鹰嘴豆，以调理棒打成泥状，待凉。

3 再依序加入材料B拌匀即可。

⊙鹰嘴豆的香气和鸡汤非常相似，却没有鸡高汤的腥味。干燥鹰嘴豆在部分杂粮店有卖；此外一些进口商品超市还有卖罐装的水煮鹰嘴豆，买回来就可以直接打泥。

⊙若没有压力锅，可把鹰嘴豆加6杯水，煮开后改小火煮30分钟至熟即可。

毛豆燕麦酱

材料：〔每份2大匙 ×10〕

A 燕麦50克｜熟毛豆仁50克

B 黄油50克｜香蒜粉1/4小匙

盐1/4小匙｜白胡椒粉少许

做法：

1 燕麦放入锅中，加入1杯水，煮开后转小火煮6分钟，煮熟后捞起沥干。

2 煮熟的燕麦中加入熟毛豆仁，以调理棒打成泥，待凉。

3 再依序加入材料B拌匀，放入冰箱冷藏保存。

|自己做手工无添加抹酱|

无法用基底酱调出的特色好酱，全归在这单元，千万别错过，保证道道都是精彩好味。

93 白木耳莲子酱

材料：〔每份2大匙 ×10〕

干白木耳50克｜新鲜莲子250克

冰糖50克｜枸杞子25克

这道抹酱很适合用压力锅操作，可以省很多时间；若家中没有压力锅，也可用电饭锅隔水煮，在内锅加300ml水，外锅一次加2杯水，外锅水沸腾，开关跳起后，再加水，直到煮满4小时。

冷藏15天｜不可冷冻

赏味期

做法：

1 干白木耳泡水2小时，泡发后沥干，用调理棒打碎。

2 白木耳碎放入压力锅，下层加入150ml水，上层架上蒸笼放入莲子，盖上锅盖，开中小火煮至压力阀上升，转小火计时25分钟，熄火。

3 待压力阀下降后，开盖，取出白木耳和冰糖、枸杞子拌匀，即为白木耳泥。

4 将做法2的莲子用调理棒打成泥后，与白木耳泥拌匀，放入冰箱冷藏保存。

94 花生酱

材料：〔每份2大匙 ×13〕

烤熟花生仁250克｜花生油1/2杯

糖粉2大匙｜盐1/4小匙

做法：

1 将烤熟花生仁200克以调理棒打成泥状。

2 剩下50克花生仁放入塑料袋中，以刀背拍成碎状备用。

3 将花生泥、花生碎放入搅拌盆中，加入花生油、糖粉、盐拌匀即可。

⊙花生除了用刀背拍碎外，也可用市面贩卖的打碎机打碎，可更省时间和力气。

⊙花生仁用调理棒打的过程要晃动盒子，让全部花生仁都可以打到。

枫糖栗子起司酱

蜂蜜核桃酱

肉桂糖霜酱

95

枫糖栗子起司酱

材料：〔每份2大匙 ×14〕

新鲜栗子250克｜黄油3大匙

马斯卡彭起司50克｜枫糖浆3大匙

稀奶油3大匙

做法：

1 栗子放入锅中，用大火蒸25分钟至熟，取出待凉。

2 加入奶油，以调理棒打成泥。

3 再加入马斯卡彭起司、枫糖浆及稀奶油，拌匀，放入冰箱冷藏保存。

96

蜂蜜核桃酱

材料：〔每份2大匙 ×14〕

核桃250克｜南瓜籽油1/2杯

蜂蜜60克

做法：

1 核桃放入预热170℃的烤箱中，烤约8～12分钟至熟，待凉。

2 将烤熟的核桃加入南瓜籽油、蜂蜜，再以调理棒打成泥状即可。

97

肉桂糖霜酱

材料：〔每份2大匙 ×6〕

细砂糖1杯

肉桂粉1/4小匙

做法：

1 将细砂糖放入锅中，以小火煮至糖熔化、变焦糖色，再加入1杯水，熬煮至浓稠，再加入肉桂粉拌匀即可。

煮焦糖时不能搅拌，会因拌入空气造成糖结晶现象，所以在熔化糖的过程，要等到糖完全熔化，才能以摇锅方式让糖更加均匀。

意式腰果咸酱

材料：〔每份2大匙 ×10〕

腰果250克｜意大利综合香料1大匙

南瓜籽油50克｜红椒粉1/4小匙

盐少许

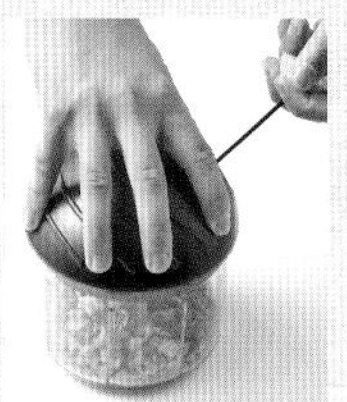

做法：

1 腰果放入预热170℃的烤箱中，烤约8 ～ 12分钟至熟，待凉。

2 将烤熟腰果以调理棒打成碎状。

3 续加入意大利综合香料拌匀后，再加入南瓜籽油、红椒粉、盐拌匀即可。

腰果除了用调理棒外，也可用市售打碎机打碎。

99

酸奶芥末籽鸡肉酱

材料：〔每份2大匙 × 10〕

A　鸡胸肉250克 | 盐1/4小匙

B　酸黄瓜25克 | 洋葱50克

原味酸奶3大匙（做法见第45页）

芥末籽酱1大匙

做法：

1　将酸黄瓜、洋葱切碎，再以厨房纸巾吸掉多余水分。

2　鸡胸肉撒上盐后，放入锅中，用大火蒸10分钟，取出待凉，切小块，再以调理棒打成泥状。

3　再加入酸黄瓜碎、洋葱碎、原味酸奶、芥末籽酱，拌匀，放入冰箱冷藏保存。

将黄瓜加辛香调味料、醋汁腌浸制成，味道酸甜，在大卖场或进口品超市都可以买到。

冷藏15天 | 冷冻120天
赏味期

法式鸡肝酱

材料：〔每份2大匙 ×10〕

A 鸡肝250克
洋葱30克
蒜头25克
吉利丁片10片
黄油50克

B 月桂叶2片
白兰地2大匙
盐1/4小匙
白胡椒粉少许
意大利综合香料1克
牛奶3大匙

做法：

1 将洋葱、蒜头切碎；蒸鸡肝前将吉利丁片泡冰水至软化，捞起挤干水分，备用

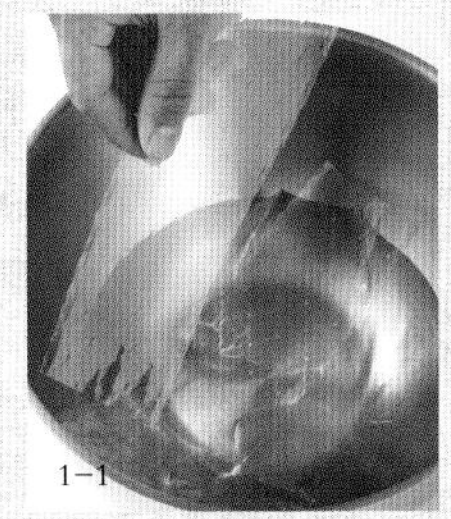
1-1

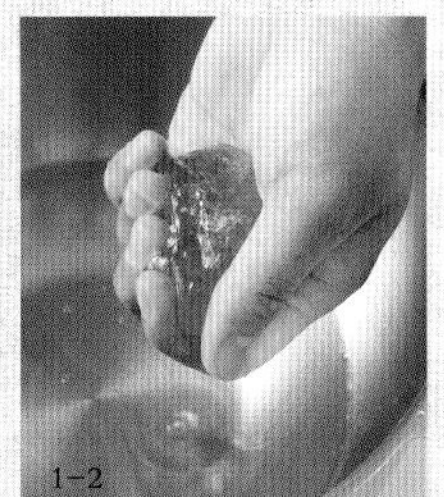
1-2

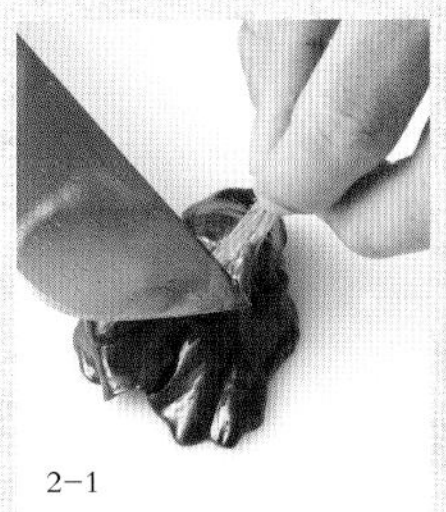
2-1

2-2

3

2 鸡肝去除多余血管，加入洋葱碎、蒜碎及所有材料B拌匀，腌渍3小时。

3 将做法2放入锅中，用大火蒸20分钟后熄火，挑除月桂叶。

4-1

4-2

4-3

4-4

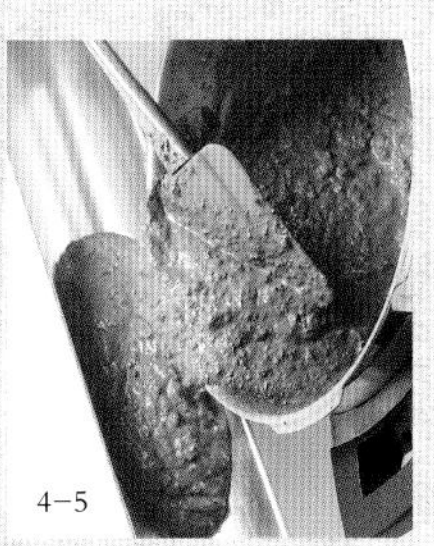
4-5

4 将鸡肝以调理机打成泥，趁热加入吉利丁片、黄油拌匀，倒入模型中，放入冰箱冷藏2小时凝固。

加牛奶腌渍可软化鸡肝，并增加香味。

Bread

搭配抹酱必备的7款

免·揉·面·包

自己做免揉面包，一步一步看图做，
简单得超乎想象，好酱配手工面包，全程品味
安心好食。

免揉面包基本制作流程

{ 步骤1 }

计量材料，准备器具

▼

{ 步骤2 }

材料混合，搅拌

将所有材料放入调理盆中

✧ 要点 ✧

- 此单元介绍的面包是免揉的，为了避免酵母粉不匀，所以先把酵母粉加在水里拌匀。
- 拌好的酵母液不要一次全倒入，要保留5～10克，再视面团的软硬度做调整。

▽

用橡皮刮刀拌到看不见水分

✧ 要点 ✧

这里用橡皮刮刀拌面团，若使用打蛋器，面团容易卡入钢圈中，反而不好操作。

▽

改用手将材料混成团

✧ 要点 ✧

手是混合面团的最好工具，拌好材料后要改用手捏成团。

▼

{ 步骤3 }

一次发酵

✧ 要点 ✧

- 这里列的发酵时间是以室温28℃为基准，温度愈高发酵时间愈短，反之温度越低则发酵时间愈长，可依照面团膨胀大小作为发酵好的判断。一定要发酵完全，若没发好，面包烘烤时会膨胀不起来并且会变形。
- 为避免面团表面干燥，发酵或是静置过程都要盖上保鲜膜保湿。

▼

无论是吐司、小餐包或是欧式面包，制作过程都是大同小异。
这里整理出大致流程如下，让你有个初步概念。

{步骤4}
分割，滚圆

照所需大小分割面团

▽

分别滚圆

✧要点✧

滚圆小面团时，需将已滚圆与未滚圆面团皆用保鲜膜覆盖保湿，以防止表面干燥结皮。

▼

{步骤5}
静置松弛

✧要点✧

面团经过静置松弛后容易伸展开，会更好整形。

▼

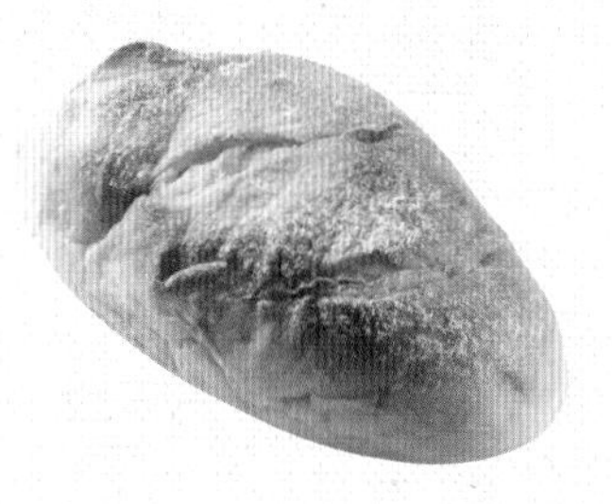

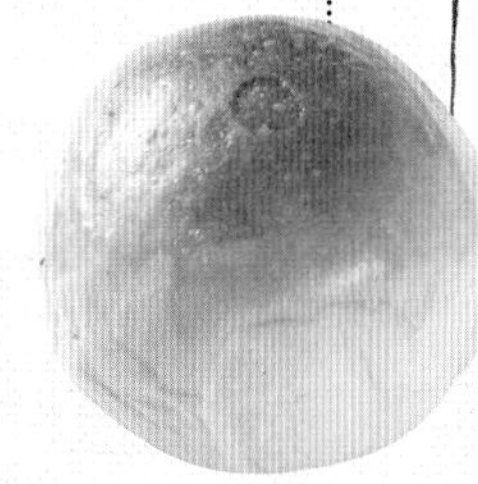

{步骤6}
整形

✧要点✧

整形和松弛时用擀面棍擀压，这样还可以擀压掉面团中的空气。

▼

{步骤7}
二次发酵

▼

{步骤8}
烘烤

✧要点✧

⊙每台烤箱的温度不一定，所以可根据书上标示的时间做调整，提前5分钟先看面包烘烤状况，再增减时间。

⊙可以在快发酵好之前先预热烤箱，发酵完成就可以直接放入烘烤。

1

原味白吐司

材料：〔1个〕

A　速发酵母粉 1 小匙｜水 165 克

B　高筋面粉 306 克｜奶粉 1 大匙｜细砂糖 2 大匙

盐 1/2 小匙｜黄油 2 大匙｜鸡蛋 2 颗

做法：

混合，搅拌

1　将酵母粉加入水中拌匀。

2　将材料 B 依序放入搅拌盆中，再加入做法 1 拌好的酵母液，先 用橡皮刮刀拌到看不见水分，再用手集合捏成团。

1

2-1

2-2

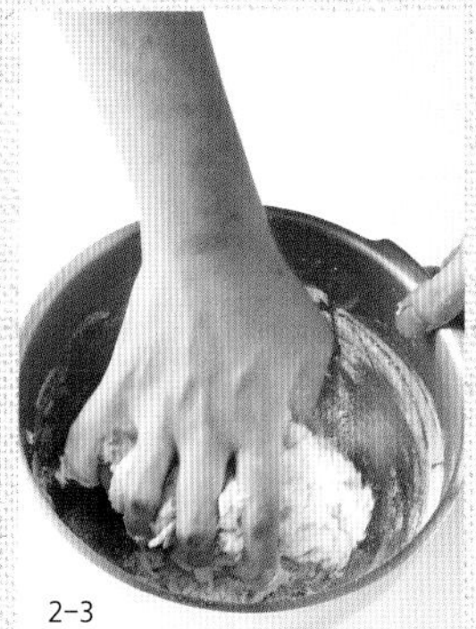
2-3

2-4

一次发酵

3

3　盖上保鲜膜，室温约 28℃，静置发酵约 1 小时，至面团膨胀到原来的 1.5 倍大。

分割，滚圆

4-1

4-2

4　撒上手粉，将发酵面团分割成 3 等分，分别滚圆。

松弛

5 盖上保鲜膜，静置15～20分钟。

5-1　5-2

整形

6 将面团分别擀成椭圆状，再向内卷成圆柱状。

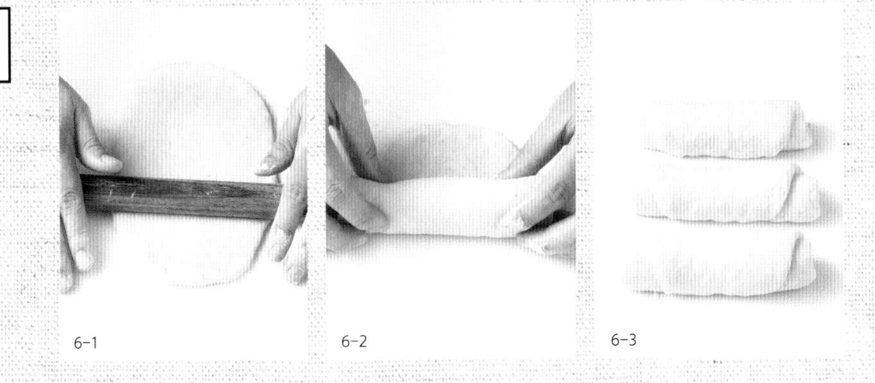

6-1　6-2　6-3

松弛

7 收口朝下，盖上保鲜膜，静置10～15分钟，再重复擀卷一次。

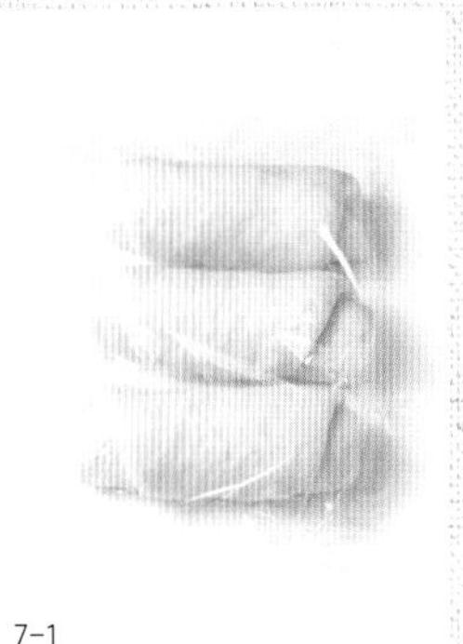

7-1

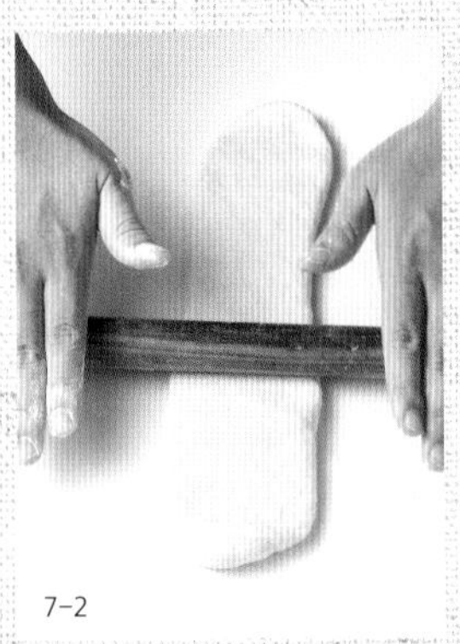

7-2

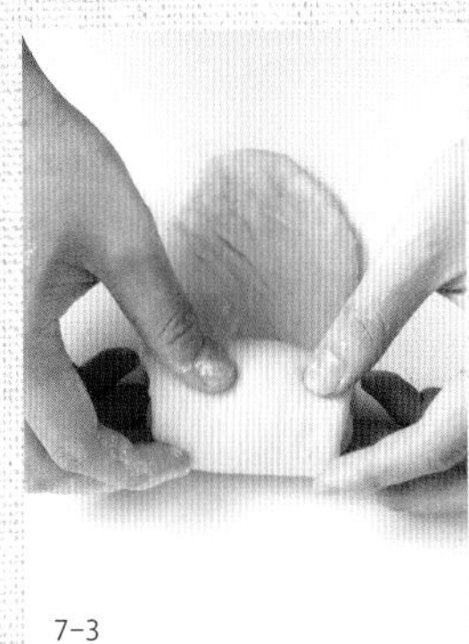

7-3

- ⊙做法1～2中，可以把搅拌盆改成较大的塑料袋，可选厚一点，在上端打结，以预留发酵空间。
- ⊙二次发酵的温度38℃，可将烤箱预热40℃，烤模盖上保鲜膜，放入烤箱中，发酵速度会较快。
- ⊙烤好后要马上脱模，以免继续烘烤，颜色过深。
- ⊙若要包馅，在做法7第2次擀卷时放上馅料即可。

二次发酵

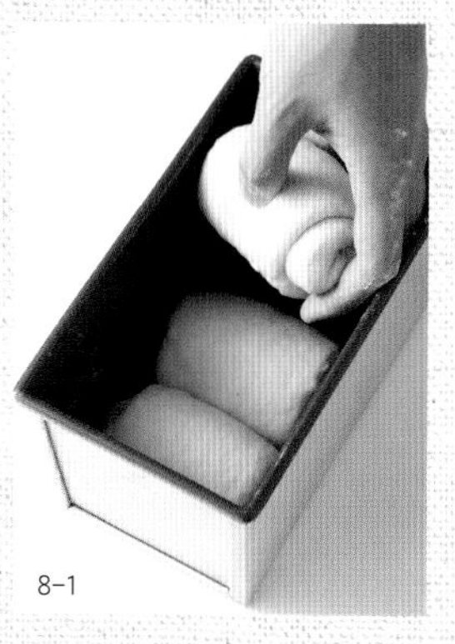
8-1

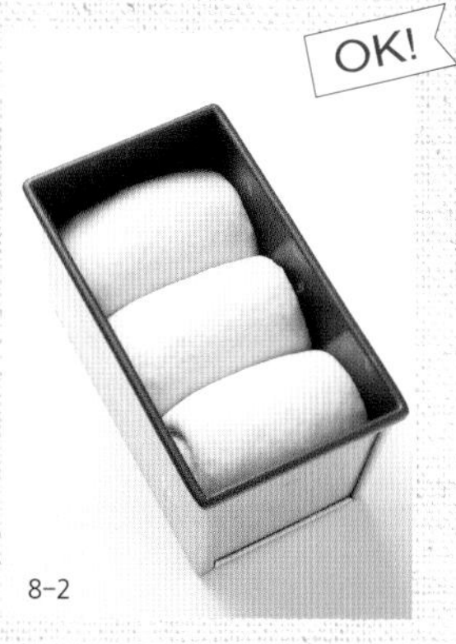

8-2

8　收口朝下，放入吐司烤模中，盖上保鲜膜，发酵温度约38℃，静置发酵约1小时，直到面团膨胀隆起至模型的八九分满，即完成发酵。

烘烤

9

9　吐司烤模放入已预热200℃的烤箱中，烘烤约35 ~ 40分钟，即可取出脱模放凉。

全麦吐司

材料：〔1个〕

A　速发酵母粉1小匙 | 水198克

B　全麦面粉122克 | 高筋面粉183克

奶粉1大匙 | 细砂糖1大匙 | 盐1/4小匙

黄油1大匙

做法：

1　【混合&搅拌】、【一次发酵】、【分割，滚圆】、【松弛】依照“原味白吐司”做法1 ~ 5。

2　【整形】、【松弛】依照“原味白吐司”做法6 ~ 7

3　【二次发酵】、【烘烤】依照“原味白吐司”做法8 ~ 9。

切吐司的技法 + 趣味吃法

| 切出完美三明治的技法 |

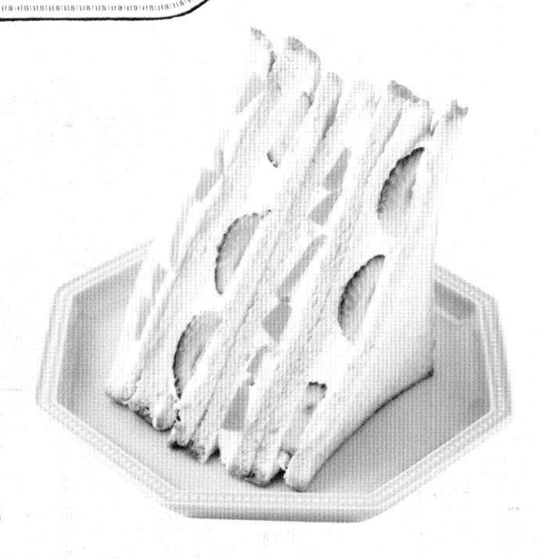

要使三明治切面漂亮，首先刀要锋利，或者使用面包专用的锯齿刀。面包刚出炉时因带水汽，较不容易切割，建议放冷却后再行切割。

此外，也可以把面包先冷藏一晚，因低温会使吐司中的油脂凝结，从而更好切割。所以有些店家会前一天先将吐司冰过，隔天再来制作，就很容易切出完美的切片。

切割步骤

· 步骤1

将吐司排整齐后，切掉吐司的四边。要注意切割和堆叠吐司时，都要排整齐，特别是堆叠时要依照原本的顺序排好。

· 步骤2

一只手拿刀，另一手轻压吐司，拿刀的手往后拉切，避免拖刀时造成吐司松散。按压吐司的手不可压太用力，不然吐司会凹陷影响美观。

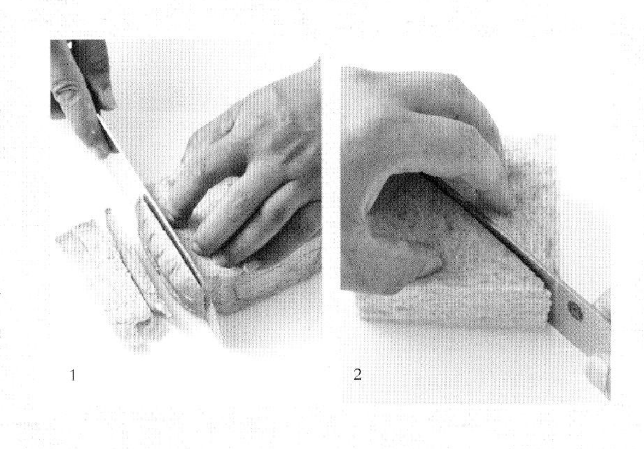

1　2

3

· 步骤3

依想要的形状切割成三角形、长方形或正方形。

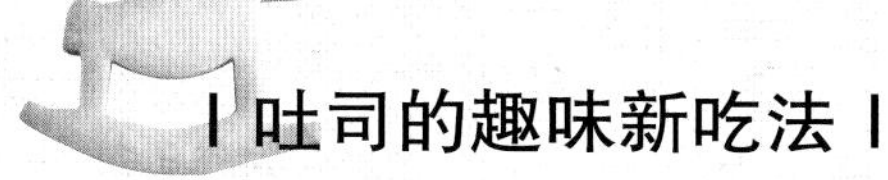

吐司的趣味新吃法

除了常见的形状外，还可做成三明治卷增添趣味。要注意做吐司卷的面包不能干掉，不然在包卷的过程中会裂开。

包卷步骤

· 步骤1

切成厚度一样的吐司片，不要切太厚，较好包卷。

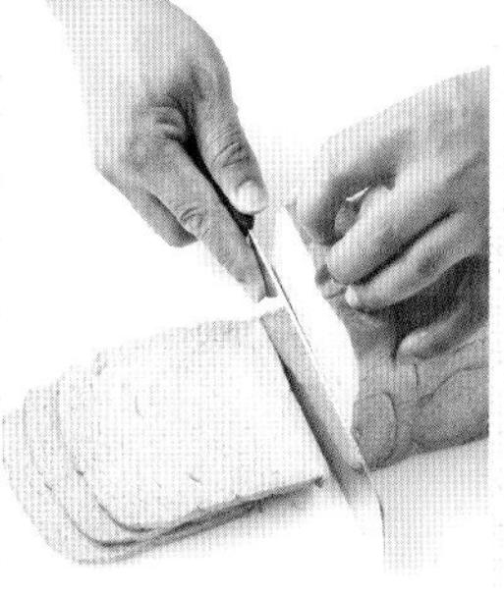

1

2

· 步骤2

每片均匀地抹上抹酱，尽量不要涂到太满，以免包卷时露馅。

· 步骤3

铺一层保鲜膜，将抹好酱的吐司放在上面，连同保鲜膜顺势包卷完，轻压塑形，两边扭紧即可。

3-1

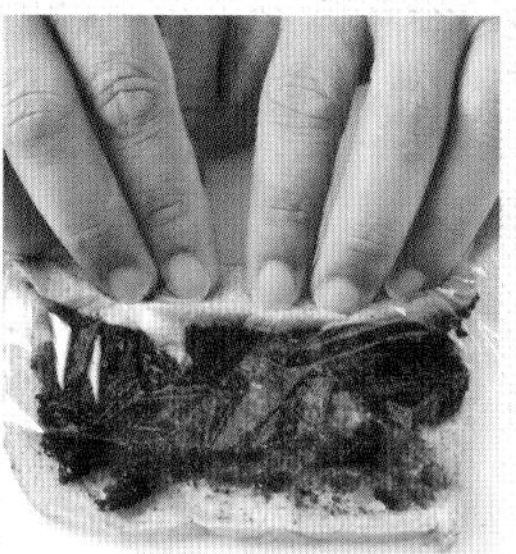

3-2

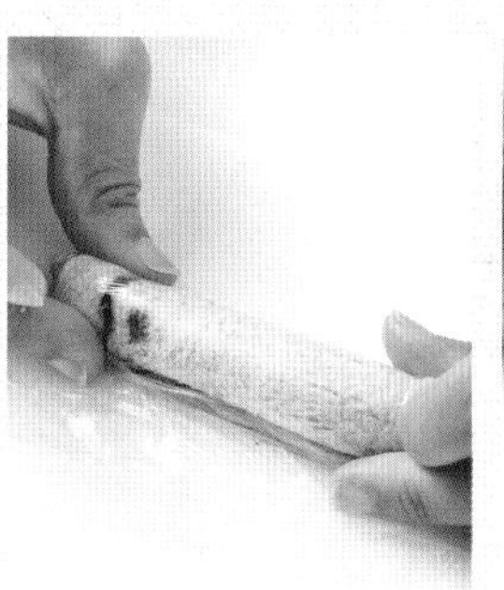

3-3

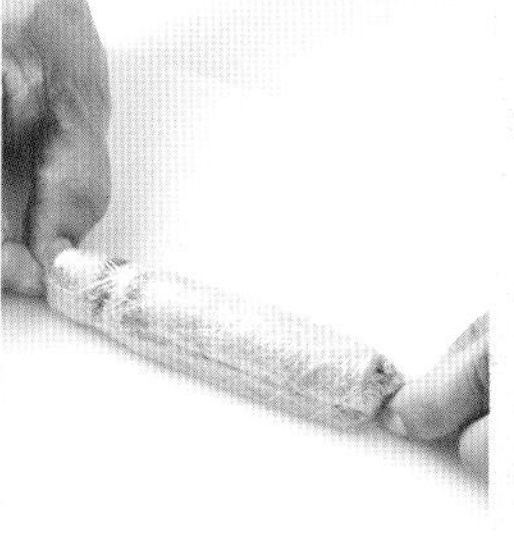

3-4

3

小餐包

材料：〔7个〕

A 速发酵母粉 1/2 小匙 | 水 85 克

B 高筋面粉 159 克 | 奶粉 1 小匙 | 细砂糖 2 大匙 | 盐 1/4 小匙 | 黄油 1 大匙 | 鸡蛋 1 颗

C 蛋黄液 1 颗

做法：

混合，搅拌

1 将酵母粉加入水中拌匀。

2 将材料B依序放入搅拌盆中，再加入做法1拌好的酵母液，先用橡皮刮刀拌到看不见水分，再用手集合捏成团。

1-1

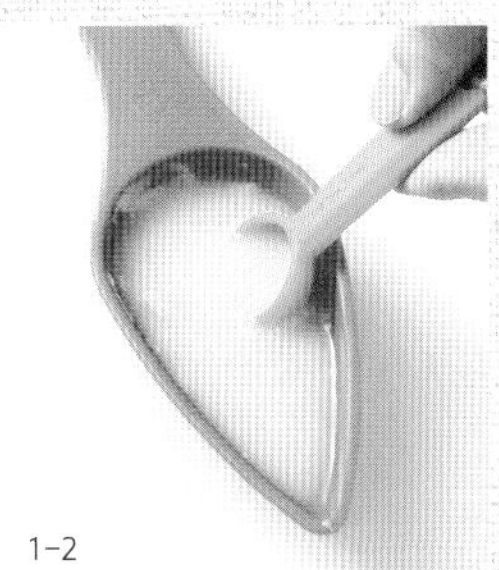
1-2

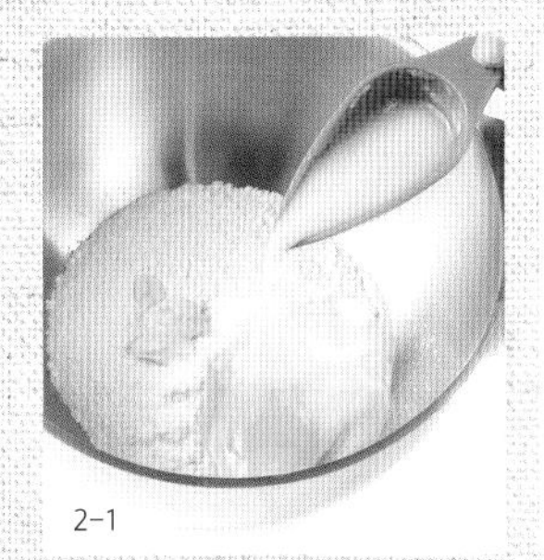
2-1

2-2

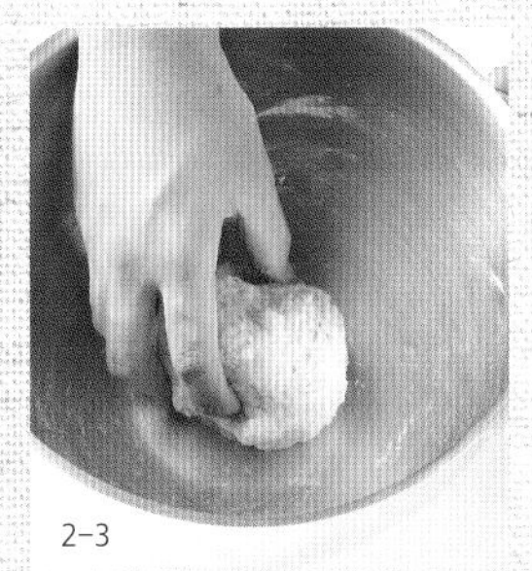
2-3

一次发酵

3 盖上保鲜膜，室温约28℃，静置发酵约1小时，至面团膨胀到原来的1.5倍大。

3-1

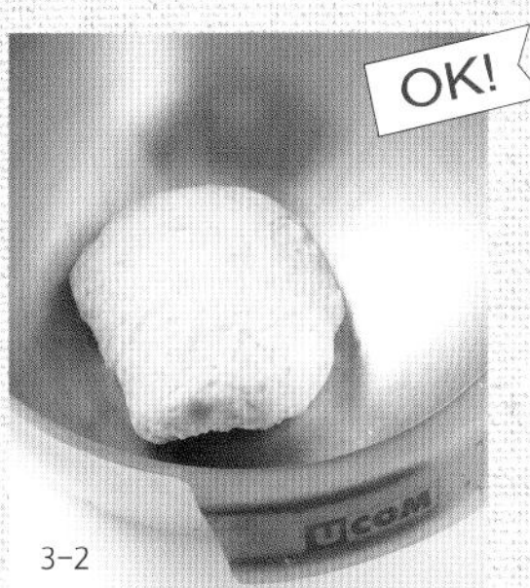

3-2

分割，滚圆

4 撒上手粉，将发酵面团分割成7等份，分别滚圆。

二次发酵

5 盖上保鲜膜，室温约28 ℃，静置发酵约1小时，至面团膨胀到原来的1.5倍大。

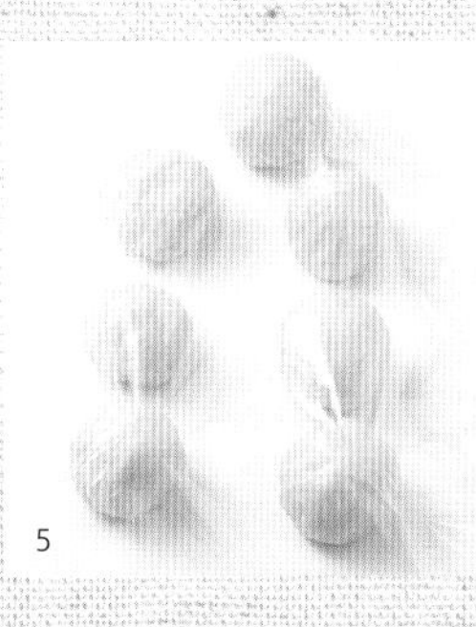
5

烘烤

6 面团表面刷上蛋液，放入已预热170℃的烤箱中，烘烤约12分钟，取出放凉。

6

南瓜籽油面包

材料：〔3个〕

A 速发酵母粉1/4小匙｜牛奶220克

B 高筋面粉300克｜细砂糖1小匙

盐少许｜南瓜籽油1大匙

⊙欧式面包划刀纹的目的，是为了释放空气，让面团膨胀得更漂亮。

⊙划刀前要在面包上撒面粉，较容易划刀纹。划刀纹的刀子要锋利，且快速划过才会好看。

做法：

混合，搅拌

1　将酵母粉加入牛奶中拌匀。

2　将材料B依序放入搅拌盆中，再加入 做法1拌好的牛奶酵母液，先用橡皮刮 刀拌到看不见水分，再用手集合捏成 团。

2-1　2-2　2-3　2-4

一次发酵

3

3　盖上保鲜膜，室温约28℃，静置发酵约2小时，至面团膨胀到原来的1.5倍大。

分割，滚圆

4　撒上手粉，将发酵面团分割成3等份，分别滚圆。

整形

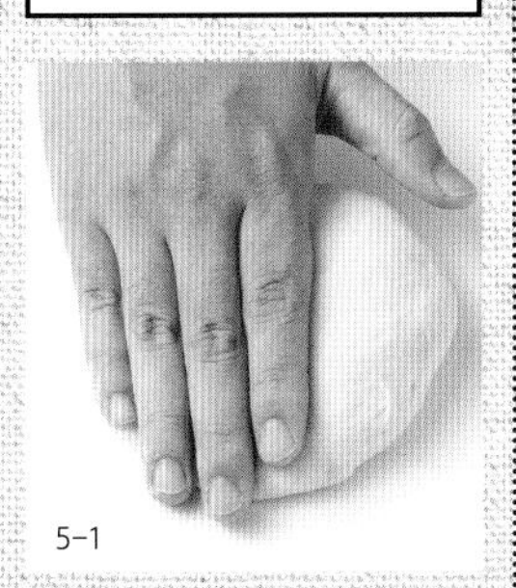

5-1

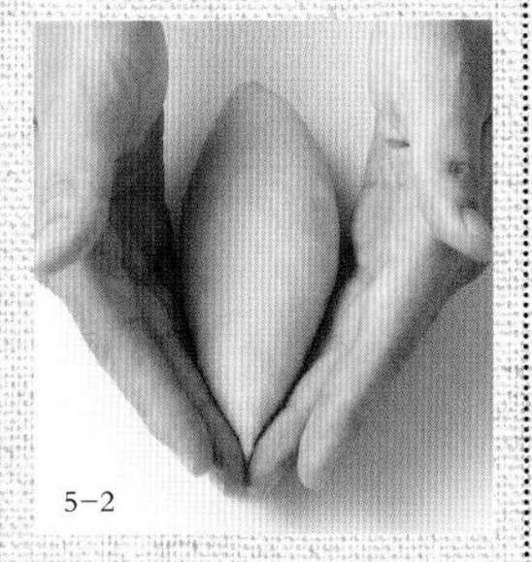

5-2

5　用手掌压出空气，再用双手整成橄榄形。

二次发酵

6　盖上保鲜膜，室温约28℃，静置发酵约1小时，至面团膨胀到原来的1倍大。

割纹

7-1

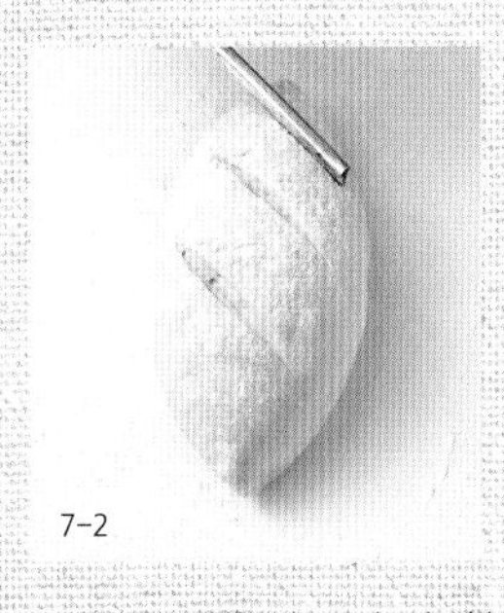

7-2

7　在发酵好的面团表面撒上面粉（配方之外另取），划上深约3mm的刀纹，共三刀。

烘烤

8　将划好刀纹的面团放入烤盘中，移入已预热210℃的烤箱中，烘烤约25分钟，至表面金黄即可。

5

欧式牛奶面包

材料：〔2个〕

A 速发酵母粉2克 | 牛奶100克

B 高筋面粉130克 | 裸麦粉20克

黄油15克 | 细砂糖20克

盐1克

做法：

混合，搅拌

1 将酵母粉加入水中拌匀。

2 将材料B依序放入搅拌盆中，再加入做法1拌好的牛奶酵母液，先用橡皮刮刀拌到看不见水分，再用手集合捏成团。

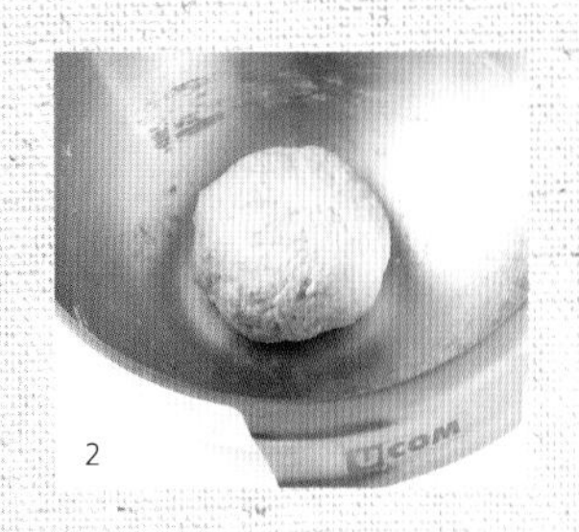
2

一次发酵

3 盖上保鲜膜，室温约28℃，静置发酵约1小时，至面团膨胀到原来的1.5倍大。

3

分割，滚圆

4 将发酵面团分割成2个面团，分别滚圆。

松弛

5 盖上保鲜膜，室温约28℃，静置约30分钟。

整形

6 撒上手粉，将发酵面团分别擀成长椭圆形，面团往内包卷，用卷压的动作卷完，收口处用双手捏紧密合，再将面团推滚密合，收口朝下。

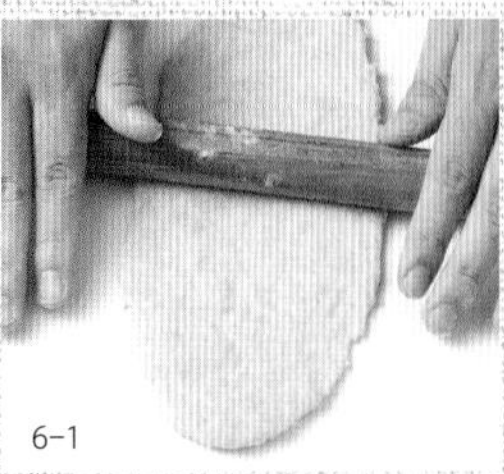
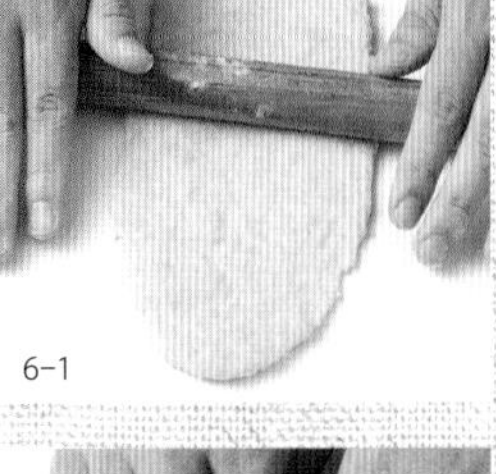
6-1

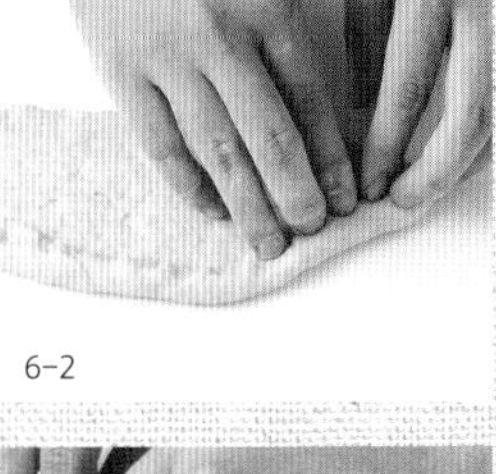
6-2

6-3

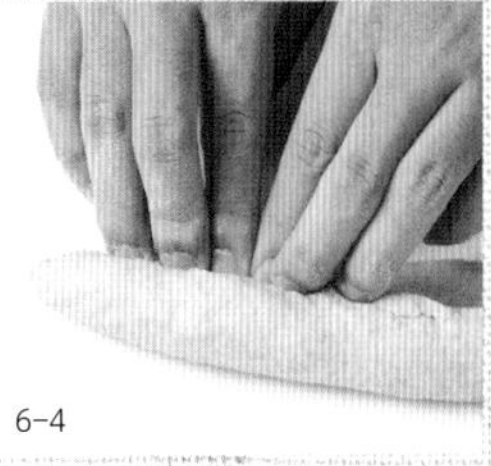
6-4

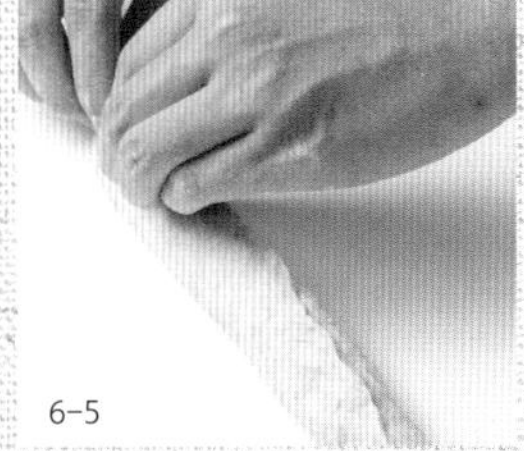
6-5

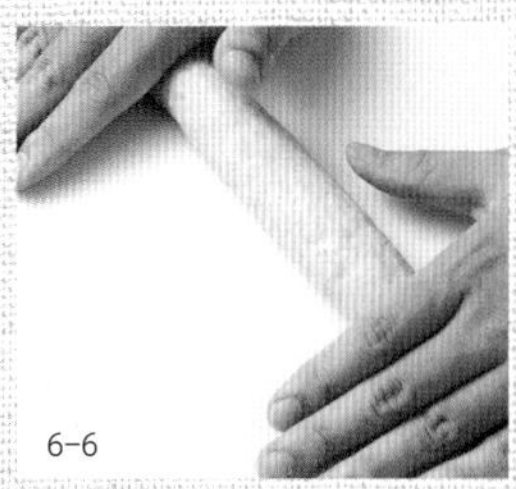
6-6

二次发酵

7 盖上保鲜膜，室温约28℃，静置发酵约1小时，至面团膨胀到原来的1.5倍大。

7

割纹

8 发酵好的面团表面撒上面粉（配方之外另取），划上深3mm的刀纹，共三刀。

烘烤

9 将划好刀纹的面团放入烤盘中，移入已预热180℃的烤箱中，烘烤18分钟，至表面金黄即可。

6

原味贝果

材料：〔3个〕

A 速发酵母粉1/4小匙｜牛奶85克

B 高筋面粉135克｜低筋面粉1大匙

细砂糖1大匙｜盐少许｜黄油1/4小匙

做法：

混合，搅拌

1 将酵母粉加入水中拌匀。

2 将材料B依序放入搅拌盆中，再加入做法1拌好的酵母液，先用橡皮刮刀拌到看不见水分，再用手集合捏成团。

2

一次发酵

3 盖上保鲜膜，室温约28℃，静置发酵约1小时，至面团膨胀到原来的1.5倍大。

3

分割，滚圆

4 撒上手粉，将发酵面团分割成3等份，分别滚圆。

松弛

5 静置发酵15 ~ 20分钟。

整形

6 将面团分别擀成长椭圆状，下面用双手压薄底边，卷成长柱状，再顺势卷起，收口处用双手捏紧密合。

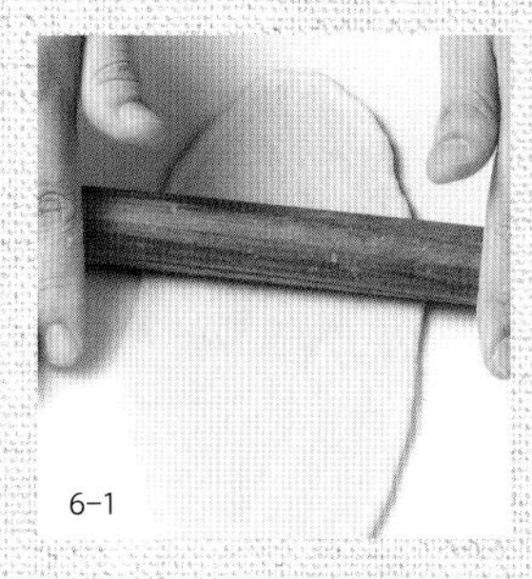
6-1

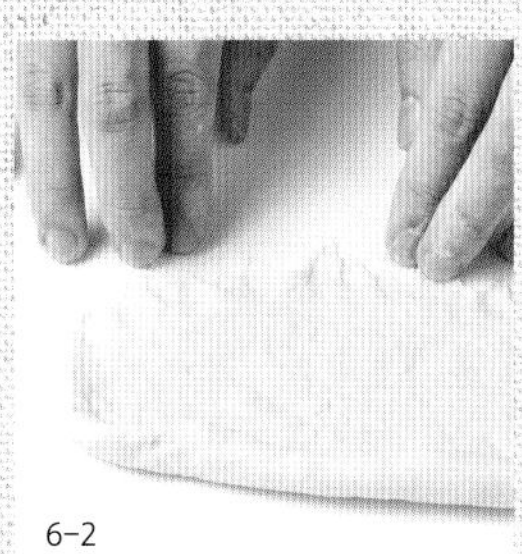
6-2

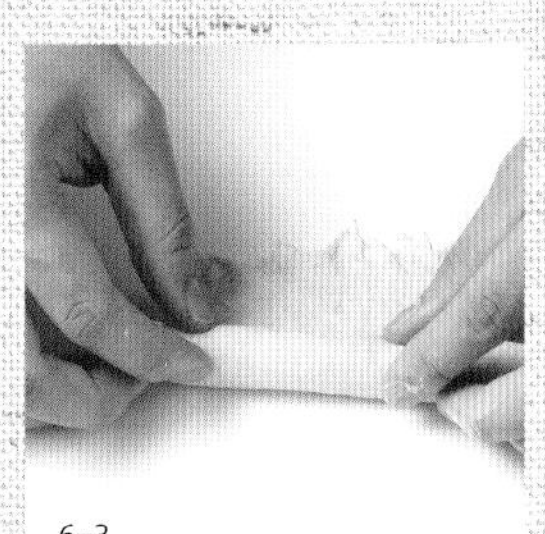
6-3

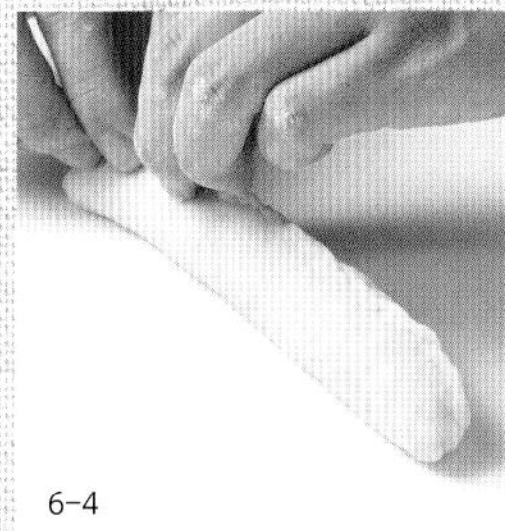
6-4

7 将长圆柱面团一端约2cm处，用擀面棍擀薄，再与另一端面团接口重叠于擀薄处，用双手捏紧密合，调整成粗细均匀的圆圈状。

7-1

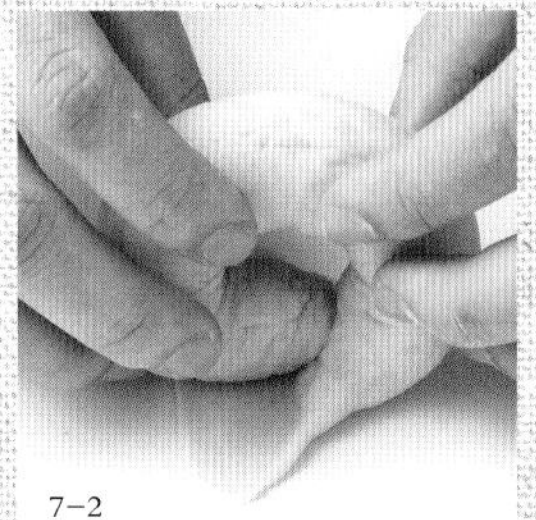
7-2

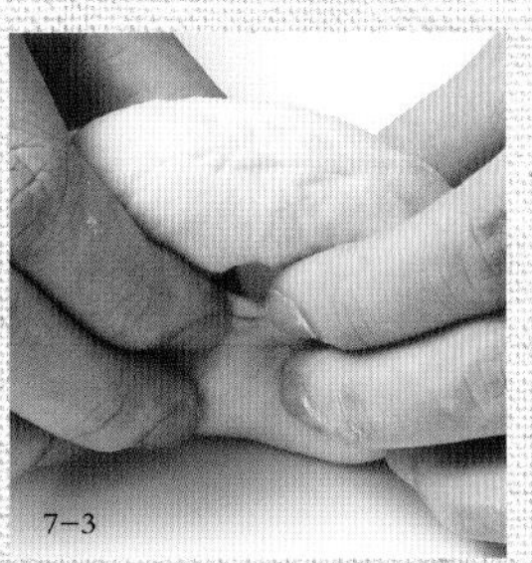
7-3

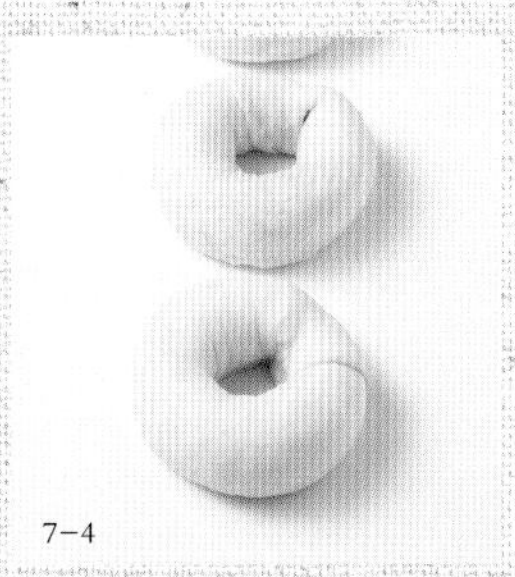
7-4

二次发酵

8 盖上保鲜膜，发酵温度约38℃，静置发酵约30分钟，让面团略膨胀。

水煮

9 锅中倒入可盖过面团的水，煮开后转小火，放入发酵好的面团，烫约15秒，再翻面烫15秒，捞起沥干。

9-1

9-2

烘烤

10 将烫好的面团放入烤盘中，移入已预热210℃的烤箱中，烤约16分钟，至表面金黄即可

⊙贝果与一般面包最大的不同在于使用的酵母量较少，因此面团膨胀的程度比一般面包弱些，形成的组织扎实，所以之后经过水煮会产生嚼劲，再放入烤箱烘烤形成外脆内Q的口感。

⊙做法6先把底边面团压薄，包卷收口时较易密合。

7 蜂蜜贝果

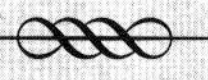

材料：［1个］

A 速发酵母粉1/4小匙 | 牛奶85克

B 高筋面粉135克 | 低筋面粉1大匙

蜂蜜1大匙 | 盐少许 | 黄油1/4小匙

做法：

1 【混合，搅拌】、【一次发酵】、【分割，滚圆】、【松弛】依照“原味贝果”做法1～5。

2 【整形】、【二次发酵】依照“原味贝果”做法6～8。

3 【水煮】、【烘烤】依照“原味贝果”做法9～10。

本索引依照五谷根茎类、蔬菜类、蛋奶类、油脂类、水果类、调味料分类，读者可根据食材找到要做的抹酱。

五谷根茎类		
燕麦	毛豆燕麦酱	第 112 页
地瓜	地瓜起司酱	第 42 页
	奶香地瓜酱	第 103 页
板栗南瓜	南瓜起司酱	第 104 页
	洋葱南瓜酸奶酱	第 106 页
芋头	炼乳芋泥酱	第 105 页
甜菜根	甜菜根酱	第 106 页
马铃薯	蛋香马铃薯酱	第 106 页

蔬菜类		
圣女西红柿	西红柿奶油酱	第 22 页
番茄	泰式莎莎酱	第 96 页
	西红柿莎莎酱	第 96 页
蘑菇	松露蘑菇奶油	第 28 页
洋菇	洋菇起司芥末籽酱	第 35 页
松露	松露蘑菇奶油	第 28 页
小黄瓜	酸奶黄瓜酱	第 46 页
洋葱	塔塔酱	第 58 页
	鲔鱼沙拉酱	第 59 页
	西红柿莎莎酱	第 96 页
	牛油果莎莎酱	第 96 页
	巴萨米克油醋酱	第 99 页
	蛋香马铃薯酱	第 106 页
	酸奶芥末籽鸡肉酱	第 119 页
	法式鸡肝酱	第 120 页
蒜头	香蒜奶油酱	第 19 页
	法国罗勒奶油酱	第 24 页
	酸奶黄瓜酱	第 46 页
	泰式莎莎酱	第 96 页
	西红柿莎莎酱	第 96 页
	牛油果莎莎酱	第 96 页
	巴萨米克油醋酱	第 99 页
	油封香料起司酱	第 100 页
	法式鸡肝酱	第 120 页
九层塔	法国罗勒奶油酱	第 24 页
葱	青葱奶油酱	第 26 页
红葱头	泰式莎莎酱	第 96 页
香菜	西红柿莎莎酱	第 96 页
辣椒	牛油果马斯卡彭起司酱	第 39 页
	泰式莎莎酱	第 96 页
	西红柿莎莎酱	第 96 页
	牛油果莎莎酱	第 96 页

蛋类		
鸡蛋	蛋黄奶油酱	第 30 页
	杏仁奶油酱	第 32 页
	克林姆酱	第 51 页
	香草奶油布丁酱	第 52 页
	柠香克林姆酱	第 53 页
	棉花糖克林姆酱	第 54 页
	菠萝克林姆酱	第 54 页
	原味美乃滋	第 57 页
	塔塔酱	第 58 页
	巧克力酱	第 74 页
	蛋黄酱	第 81 页
	蛋香马铃薯酱	第 106 页

奶类		
稀奶油	蛋黄奶油酱	第 30 页
	卡布奇诺起司酱	第 38 页
	地瓜起司酱	第 42 页
	奶酥酱	第 61 页
	焦糖酱	第 66 页
	焦糖核桃酱	第 67 页
	抹茶牛奶酱	第 67 页
	焦糖花豆酱	第 68 页
	焦糖红豆酱	第 68 页
	红茶牛奶酱	第 70 页
	香草拿铁酱	第 70 页
	蝶豆花奶香糖浆	第 72 页
	巧克力酱	第 74 页
	蜜香白巧克力夏威夷果酱	第 78 页
	抹茶柠檬白巧克力酱	第 79 页
	奶香地瓜酱	第 103 页
	南瓜起司酱	第 104 页
	炼乳芋泥酱	第 105 页
	蛋香马铃薯酱	第 106 页
	洋葱南瓜酸奶酱	第 106 页
	豌豆泥酱	第 112 页
	枫糖板栗起司酱	第 116 页
牛奶	原味酸奶	第 45 页
	克林姆酱	第 51 页
	香草奶油布丁酱	第 52 页
	柠香克林姆酱	第 53 页
	棉花糖克林姆酱	第 54 页
	红茶牛奶酱	第 70 页
	香草拿铁酱	第 70 页
	法式鸡肝酱	第 120 页
奶粉	奶酥酱	第 61 页
	蜜香白巧克力夏威夷果酱	第 78 页
炼乳	克林姆酱	第 51 页
	炼乳芋泥酱	第 105 页
椰奶	可可椰子奶酥酱	第 62 页
酸奶	洋葱南瓜酸奶酱	第 106 页
酸奶乳	原味酸奶	第 45 页
酸奶	地瓜起司酱	第 42 页
	香草酸奶起司酱	第 46 页
	酸奶黄瓜酱	第 46 页
	牛油果酸奶起司酱	第 48 页
	双莓酸奶酱	第 48 页
	百香果美乃滋酸奶	第 49 页
	咖喱酸奶酱	第 49 页
	酸奶芥末籽鸡肉酱	第 119 页
奶油起司	洋菇起司芥末籽酱	第 35 页
	培根起司酱	第 36 页
	牛奶糖腰果起司酱	第 37 页
	卡布奇诺起司酱	第 38 页
	枫糖坚果起司酱	第 40 页
	金钻凤梨起司酱	第 40 页
	蜂蜜起司苹果酱	第 42 页
	地瓜起司酱	第 42 页
	南瓜起司酱	第 104 页

食材	酱名	页码
马斯卡彭起司	起司青酱	第 36 页
	牛油果马斯卡彭起司酱	第 39 页
	酸奶黄瓜酱	第 46 页
	牛油果酸奶起司酱	第 48 页
	奶香地瓜酱	第 103 页
	枫糖栗子起司酱	第 116 页
贝尔佩斯起司	油封香料起司酱	第 100 页
起司粉	法国罗勒奶油酱	第 24 页
	海胆美乃滋酱	第 58 页

油脂类

食材	酱名	页码
奶油	香蒜奶油酱	第 19 页
	茴香鲑鱼奶油酱	第 20 页
	西红柿奶油酱	第 22 页
	香草椒盐奶油酱	第 22 页
	法国罗勒奶油酱	第 24 页
	明太子奶油酱	第 25 页
	青葱奶油酱	第 26 页
	咖喱胡椒奶油酱	第 26 页
	松露蘑菇奶油	第 28 页
	柠檬奶油	第 28 页
	蛋黄奶油酱	第 30 页
	橙皮奶油酱	第 30 页
	杏仁奶油酱	第 32 页
	百香果奶油酱	第 32 页
	椰香奶油酱	第 33 页
	蜂蜜草莓奶油酱	第 33 页
	洋菇起司芥末籽酱	第 35 页
	香草奶油布丁酱	第 52 页
	奶酥酱	第 61 页
	焦糖酱	第 66 页
	焦糖核桃酱	第 67 页
	抹茶牛奶酱	第 67 页
	焦糖花豆酱	第 68 页
	焦糖红豆酱	第 68 页
	红茶牛奶酱	第 70 页
	香草拿铁酱	第 70 页
	巧克力酱	第 74 页
	巧克力香蕉酱	第 76 页
	百香果蛋黄酱	第 82 页
	奶香地瓜酱	第 103 页
	炼乳芋泥酱	第 105 页
	甜菜根酱	第 106 页
	蛋香马铃薯酱	第 106 页
	豌豆泥酱	第 112 页
	毛豆燕麦酱	第 112 页
	枫糖栗子起司酱	第 116 页
	法式鸡肝酱	第 120 页
冷压初榨橄榄油	法国罗勒奶油酱	第 24 页
	香草酸奶起司酱	第 46 页
	榛果巧克力酱	第 76 页
	西红柿莎莎酱	第 96 页
	牛油果莎莎酱	第 96 页
	巴萨米克油醋酱	第 99 页
	迷迭香橄榄油	第 100 页
米糠油	原味美乃滋	第 57 页
	原味黑芝麻酱	第 109 页
	柚香白芝麻酱	第 110 页
	鹰嘴豆泥酱	第 112 页
南瓜籽油	油封香料起司酱	第 100 页
	蜂蜜核桃酱	第 116 页
	意式腰果咸酱	第 118 页
花生油	花生酱	第 115 页

坚果种子类

食材	酱名	页码
综合坚果	枫糖坚果起司酱	第 40 页
松子	法国罗勒奶油酱	第 24 页
腰果	牛奶糖腰果起司酱	第 37 页
	意式腰果咸酱	第 118 页
核桃	焦糖核桃酱	第 67 页
	蜂蜜核桃酱	第 116 页
榛果	榛果巧克力酱	第 76 页
夏威夷豆	蜜香白巧克力夏威夷果酱	第 78 页
黑橄榄	松露蘑菇奶油	第 28 页
黑芝麻	原味黑芝麻酱	第 109 页
	蜂蜜黑芝麻酱	第 110 页
白芝麻	柚香白芝麻酱	第 110 页
花生仁	花生酱	第 115 页
新鲜栗子	枫糖栗子起司酱	第 116 页
莲子	白木耳莲子酱	第 115 页
香草豆荚	克林姆酱	第 51 页
	香草奶油布丁酱	第 52 页
	香草拿铁酱	第 70 页

干燥香草类

食材	酱名	页码
干燥欧芹	香蒜奶油酱	第 19 页
	塔塔酱	第 58 页
	鲔鱼沙拉酱	第 59 页
	洋葱南瓜酸奶酱	第 106 页
干燥罗勒叶	西红柿奶油酱	第 22 页
干燥迷迭香	油封香料起司酱	第 100 页
	迷迭香橄榄油	第 100 页
干燥百里香	鹰嘴豆泥酱	第 112 页
蝶豆花	蝶豆花奶香糖浆	第 72 页
干燥桂花	冰糖梨子桂花酱	第 93 页

水果类

食材	酱名	页码
柠檬	明太子奶油酱	第 25 页
	柠檬奶油	第 28 页
	蜂蜜起司苹果酱	第 42 页
	酸奶黄瓜酱	第 46 页
	百香果美乃滋酸奶	第 49 页
	柠香克林姆酱	第 53 页
	原味美乃滋	第 57 页
	塔塔酱	第 58 页
	抹茶柠檬白巧克力酱	第 79 页
	柠檬蜂蜜蛋黄酱	第 82 页
	草莓果酱	第 88 页
	双莓果酱	第 90 页
	冰糖梨子桂花酱	第 93 页
	泰式莎莎酱	第 96 页
	西红柿莎莎酱	第 96 页
	牛油果莎莎酱	第 96 页
柳橙	橙皮奶油酱	第 30 页
蜜橙	橙皮奶油酱	第 30 页
百香果	百香果奶油酱	第 32 页
	百香果美乃滋酸奶	第 49 页
	百香果蛋黄酱	第 82 页
	菠萝百香果酱	第 90 页
草莓	蜂蜜草莓奶油酱	第 33 页
	草莓果酱	第 88 页

牛油果	牛油果马斯卡彭起司酱	第 39 页
	牛油果酸奶起司酱	第 48 页
	牛油果莎莎酱	第 96 页
菠萝	金钻菠萝起司酱	第 40 页
	菠萝克林姆酱	第 54 页
	菠萝果酱	第 86 页
	菠萝百香果酱	第 90 页
苹果	蜂蜜起司苹果酱	第 42 页
	咖喱酸奶酱	第 49 页
香蕉	巧克力香蕉酱	第 76 页
芒果	芒果蛋黄酱	第 82 页
	芒果桔子酱	第 88 页
金桔	芒果桔子酱	第 88 页
覆盆子	双莓果酱	第 90 页
蓝莓	双莓果酱	第 90 页
桑椹	桑椹果酱	第 92 页
水梨	冰糖梨子桂花酱	第 93 页
辛香料类		
洋葱粉	茴香鲑鱼奶油酱	第 20 页
	明太子奶油酱	第 25 页
	青葱奶油酱	第 26 页
	松露蘑菇奶油	第 28 页
	培根起司酱	第 36 页
	甜菜根酱	第 106 页
	洋葱南瓜酸奶酱	第 106 页
	豌豆泥酱	第 112 页
	鹰嘴豆泥酱	第 112 页
香蒜粉	茴香鲑鱼奶油酱	第 20 页
	西红柿奶油酱	第 22 页
	法国罗勒奶油酱	第 24 页
	青葱奶油酱	第 26 页
	松露蘑菇奶油	第 28 页
	培根起司酱	第 36 页
	牛油果马斯卡彭起司酱	第 39 页
	甜菜根酱	第 106 页
	豌豆泥酱	第 112 页
	鹰嘴豆泥酱	第 112 页
	毛豆燕麦酱	第 112 页
意大利综合香料	香草椒盐奶油酱	第 22 页
	意式腰果咸酱	第 118 页
	法式鸡肝酱	第 120 页
咖喱粉	咖喱胡椒奶油酱	第 26 页
	咖喱酸奶酱	第 49 页
姜黄粉	咖喱胡椒奶油酱	第 26 页
	咖喱酸奶酱	第 49 页
茴香粉	茴香鲑鱼奶油酱	第 20 页
	香草酸奶起司酱	第 46 页
豆蔻粉	卡布奇诺起司酱	第 38 页
肉桂粉	蛋香马铃薯酱	第 106 页
	肉桂糖霜酱	第 116 页
红椒粉	香蒜奶油酱	第 19 页
	意式腰果咸酱	第 118 页
新鲜薄荷	酸奶黄瓜酱	第 46 页
月桂叶	法式鸡肝酱	第 120 页
彩色胡椒	香草椒盐奶油酱	第 22 页
	青葱奶油酱	第 26 页
	咖喱胡椒奶油酱	第 26 页
	油封香料起司酱	第 100 页

调味料类		
西红柿糊	西红柿奶油酱	第 22 页
芥末籽酱	洋菇起司芥末籽酱	第 35 页
	酸奶芥末籽鸡肉酱	第 119 页
美乃滋	百香果美乃滋酸奶	第 49 页
	海胆美乃滋酱	第 58 页
	塔塔酱	第 58 页
	梅干美乃滋酱	第 59 页
	鲔鱼色拉酱	第 59 页
海胆酱	海胆美乃滋酱	第 58 页
辣椒水	塔塔酱	第 58 页
	西红柿莎莎酱	第 96 页
白酒醋	蛋黄酱	第 81 页
巴萨米克醋	巴萨米克油醋酱	第 99 页
调味粉类		
杏仁粉	杏仁奶油酱	第 32 页
	杏仁葡萄干奶酥酱	第 62 页
椰子粉	椰香奶油酱	第 33 页
咖啡粉	卡布奇诺起司酱	第 38 页
	香草拿铁酱	第 70 页
可可粉	可可椰子奶酥酱	第 62 页
	榛果巧克力酱	第 76 页
伯爵茶粉	伯爵奶酥酱	第 63 页
抹茶粉	抹茶香橙奶酥酱	第 64 页
	抹茶牛奶酱	第 67 页
	抹茶柠檬白巧克力酱	第 79 页
梅子粉	梅干美乃滋酱	第 59 页
椰子丝	椰香奶油酱	第 33 页
	可可椰子奶酥酱	第 62 页
柚子粉	柚香白芝麻酱	第 110 页
糖类		
蜂蜜	蜂蜜草莓奶油酱	第 33 页
	金钻菠萝起司酱	第 40 页
	蜂蜜起司苹果酱	第 42 页
	地瓜起司酱	第 42 页
	牛油果酸奶起司酱	第 48 页
	蜜香白巧克力夏威夷果酱	第 78 页
	柠檬蜂蜜蛋黄酱	第 82 页
	蜂蜜黑芝麻酱	第 110 页
	蜂蜜核桃酱	第 116 页
枫糖浆	枫糖坚果起司酱	第 40 页
	枫糖栗子起司酱	第 116 页
麦芽糖	菠萝果酱	第 86 页
	菠萝百香果酱	第 90 页
酒类		
兰姆酒	橙皮奶油酱	第 30 页
	蜂蜜草莓奶油酱	第 33 页
	酒渍双莓奶酥酱	第 64 页
	巧克力酱	第 74 页
君度橙酒	抹茶柠檬白巧克力酱	第 79 页
白兰地	法式鸡肝酱	第 120 页
其他类		
巧克力	巧克力酱	第 74 页
白巧克力	蜜香白巧克力夏威夷果酱	第 78 页
	抹茶柠檬白巧克力	第 79 页
吉利丁片	法式鸡肝酱	第 120 页